BestMasters

Mit „BestMasters" zeichnet Springer die besten Masterarbeiten aus, die an renommierten Hochschulen in Deutschland, Österreich und der Schweiz entstanden sind. Die mit Höchstnote ausgezeichneten Arbeiten wurden durch Gutachter zur Veröffentlichung empfohlen und behandeln aktuelle Themen aus unterschiedlichen Fachgebieten der Naturwissenschaften, Psychologie, Technik und Wirtschaftswissenschaften.

Die Reihe wendet sich an Praktiker und Wissenschaftler gleichermaßen und soll insbesondere auch Nachwuchswissenschaftlern Orientierung geben.

Lisa Gerlach

Einbau und Faltung von β-Fass Membranproteinen in Bakterien

Funktion von BamB beim Einbau des Außenmembranproteins A (OmpA) aus *Escherichia coli*

Mit einem Geleitwort von
Prof. Dr. Jörg H. Kleinschmidt

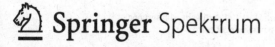 Springer Spektrum

Lisa Gerlach
Universität Kassel, Deutschland

BestMasters
ISBN 978-3-658-12653-7   ISBN 978-3-658-12654-4 (eBook)
DOI 10.1007/978-3-658-12654-4

Die Deutsche Nationalbibliothek verzeichnet diese Publikation in der Deutschen Nationalbi-
bliografie; detaillierte bibliografische Daten sind im Internet über http://dnb.d-nb.de abrufbar.

Springer Spektrum
© Springer Fachmedien Wiesbaden 2016

Gedruckt auf säurefreiem und chlorfrei gebleichtem Papier

Springer Fachmedien Wiesbaden GmbH ist Teil der Fachverlagsgruppe
Springer Science+Business Media (www.springer.com)

Geleitwort

Biologische Membranen bilden ein essenzielles strukturierendes Element aller Zellen und Zellorganellen und sind damit eine Grundvoraussetzung für das Entstehen von Leben. Sie bestehen aus einer Lipid-Doppelschicht, die aus einer Vielzahl verschiedener Lipide aufgebaut ist, sowie aus Membranproteinen verschiedenster Struktur und Funktion. Diese können als Transmembranproteine die Membranen komplett durchspannen oder als periphere Proteine an Membranen gebunden sein. Die Transmembranproteine ermöglichen den selektiven Stoffaustausch und Transport zwischen den verschiedenen Zellkompartimenten sowie zwischen Zellen und ihrer Umgebung, dienen als Enzyme oder der Signalübertragung über Membranen. Die Mechanismen des Protein-Einbaus in biologische Membranen interessieren Biochemiker, Biophysiker und Zellbiologen seit mehreren Jahrzehnten. Trotz zahlreicher Fortschritte sind die biophysikalischen Grundlagen der Membranbiogenese, insbesondere des Einbaus von Proteinen in Membranen, auf der Ebene inter- und intramolekularer Wechselwirkungen nicht gut verstanden.

Dieses Werk beschreibt den Einfluss eines Faltungshelferproteins, des BamB aus Escherichia coli, auf den Einbau und die Faltung des integralen Außenmembranproteins A (OmpA). Das periphere Membranprotein BamB ist ein wichtiger Bestandteil des sogenannten β-Fass-Aufbau-Maschinerie Komplexes (engl. „β-barrel assembly machinery complex", BAM complex), der für die Biogenese der Zellwand von Gramnegativen Bakterien wie Escherichia coli, Vibrio cholerea, Yersinia pestis, oder Salmonella typhimurium notwendig ist. Die Funktionsweise des BAM-Komplexes ist nicht verstanden. BamB ist eines von vier Lipoproteinen des BAM-Komplexes und bindet wahrscheinlich über einen Lipidanker an die Außenmembran. Die hier vorgestellten Forschungsarbeiten an Modellsystemen analysieren mit physikochemischen und biophysikalischen Methoden unter welchen Bedingungen BamB in seine funktionale 3-dimensionale Struktur faltet, ob gefaltetes BamB an Membranen bindet und ob BamB die Kinetik der Faltung des 8-strängigen β-Fass Membranproteins OmpA in Modellmembranen beschleunigt. Es wird ferner beschrieben, wie die Funktion des BamB auf die Faltung von OmpA von den Eigenschaften der Faltungsumgebung abhängt. Die in dieser Masterarbeit dokumentierten Daten zeigen, dass BamB den Einbau und die Faltung von OmpA beschleunigen kann, ohne dass andere Proteine des BAM-Komplexes zugegen sein müssen. Dieser Effekt war nicht auf allgemeine Veränderungen der physikochemischen Eigenschaften der verwendeten Lipid-Doppelschichten zurückzuführen, da das ebenfalls zum Vergleich herangezogene Cytochrom c auch durch diese Membranen gebunden wird, aber nicht zu einer ähnlichen Beschleunigung der Faltungskinetiken von OmpA führte wie BamB. Die gemessenen

Daten zur Faltungskinetik deuten ferner auf eine spezifische Wechselwirkung von BamB mit OmpA hin. Frau Gerlach hat die hier beschriebenen Studien hervorragend ausgeführt und dokumentiert. Das nun vorliegende Werk ist ein sehr guter Beitrag zum Stand der Forschung über die Funktion von BamB und die Faltung von Außenmembranproteinen. Der Text ist klar gegliedert, sehr gut geschrieben und bedeutend für die weitere Forschung zu Themen der Membranproteinfaltung.

Prof. Dr. Jörg H. Kleinschmidt

Leiter der Biophysik, Universität Kassel

Profil des Lehrstuhls Biophysik der Universität Kassel

Der Lehrstuhl Biophysik der Universität Kassel untersucht Biochemie und Biophysik von Membranproteinen und Membranen, die ein wesentliches strukturierendes Element von Zellen und Zellorganellen darstellen. Schwerpunkte bestehen in Untersuchungen zur Membran-Insertion, zur Faltung und zur Stabilität von Membranproteinen. Ein Hauptziel des Arbeitskreises ist es, ein besseres Verständnis der Mechanismen und der physikalischen Grundlagen bzw. Prinzipien der Membranproteinfaltung zu erlangen. Ein weiterer Fokus besteht darin, den Transport und die Wechselwirkungen entfalteter Membranproteine mit molekularen Chaperonen und anderen Faltungshelferproteinen in wässriger Lösung und in Membranen zu erforschen.

Zur Untersuchung von Membranen und Proteinen verwendet die Abteilung Biophysik der Universität Kassel molekularbiologische, biochemische und biophysikalischen Methoden. Membranproteine und deren Punktmutanten werden zunächst überexprimiert und isoliert, um ihre strukturellen Eigenschaften und ihre Funktion in Modellmembranen, d.h. Lipid-Doppelschichten von ausgewählter Lipid- und Proteinzusammensetzung, zu untersuchen. Das Team benutzt eine Reihe von biochemischen und biophysikalischen Methoden, wie ortsgerichtete spektroskopischen Markierung von Membranproteinen und Spektroskopie , um die Struktur, Kinetik und Thermodynamik der Proteine zu analysieren. Fluoreszenz, Elektronenspinresonanz, oder Circulardichroismus Verfahren werden verwendet, um Proteine, Membranproteinfaltung, Protein-Protein-Wechselwirkungen und Protein-Lipid-Wechselwirkungen zu erforschen. Einzelkanalleitfähigkeits-Aufzeichnungen werden verwendet, um die Funktion von Transmembranproteinen als Transporter für gelöste Stoffe zu untersuchen.

Integrale Membranproteine sind in der Regel sehr hydrophob und in Wasser unlöslich. Daher ist es notwendig, experimentell zugängliche Modellsysteme für Untersuchungen an Membranprotein zu etablieren und die Membranproteinfaltung zu untersuchen. Ob dies möglich ist, hängt stark von den Eigenschaften eines Membranproteins ab. Manche Membranproteine lassen sich in einen entfalteten Zustand in einer Lösung bestimmter Denaturierungsmittel wie Guanidiniumchlorid oder Harnstoff überführen. Aus solchen Lösungen können Proteine durch Verdünnung des Denaturierungsmittels zurückgefaltet werden.

Dieses Verfahren wird verwendet, um die Prinzipien des Membranproteineinbaus, der Faltung und der Stabilität von Proteinen in Membranen zu untersuchen, sowie Wechselwirkungen von molekularen Chaperonen mit Membranproteinen zu analysieren.

Darüber hinaus entwickelt die Abteilung neue spektroskopische Methoden, wie Verfahren der ortsgerichteten Fluoreszenzlöschung in Proteinen.

Kontakt:
Prof. Dr. Jörg H. Kleinschmidt
FG Biophysik - AVZ-II-2249
Institut für Biologie
Universität Kassel
Heinrich Plett Str. 40
D-34132 Kassel
URL: http://www.membranproteine.net

Abkürzungsverzeichnis

ATP	Adenosintriphosphat
Amp	Ampicillin
BAM	*β-barrel assembly machinery*
β-ME	β-Mercaptoethanol
BtuB	*vitamin B12/cobalamin outer membrane transporter*
C-Terminus	Carboxy-Terminus
CD	Circulardichroismus
ddH$_2$O	Bidestilliertes Wasser
DLPC	1,2-Dilauroyl-*sn*-glycero-3-phosphocholin
DLPE	1,2-Dilauroyl-*sn*-glycero-3--phosphoethanolamin
DLPG	1,2-Dilauroyl-*sn*-glycero-3-phosphoryl-glycerol
DOPC	1,2-Dioleoyl-*sn*-glycero-3-phosphocholin
DOPE	1,2-Dileoyl-*sn*-glycero-3--phosphoethanolamin
DOPG	1,2-Dileoyl-*sn*-glycero-3-phosphoryl-glycerol
dsDNA	doppelsträngige Desoxyribonukleinsäure
E. coli	*Escherichia coli*
EDTA	Ethylendiamintetraacetat
EG	Eppendorfgefäß
F	Gefaltete Form von OmpA
FG	Falcongefäß
FecA	*ferric citrate outer membrane transporter*
FepA	*ferrienterobactin outer membrane transporter*
FhuA	*ferrichrome outer membrane transporter*
FPLC	*fast protein liquid chromatography*

FRET	Förster-Resonanzenergietransfer
HEPES	2-(4-(2-Hydroxyethyl)-1-piperazinyl)-ethansulfonsäure
His-*tag*	Histidin-Markierung
IAF	Iodoacetamidofluorescein
IL	*interconnecting loops*
IM	Innere Membran
IPTG	Isopropyl-β-D-thiogalactopyranosid
KTSE	*Kinetics of tertiary structure formation by electrophoresis*
LB	Luria-Bertani Medium
LDAO	N,N-Dimethyl-n-dodecylamin-N-oxid
LPS	Lipopolysaccharide
LUV	*large unilamellar vesicle*
MBP	Maltosebindeprotein
MWCO	*molecular weight cut off*
Neo	Neomycin
N-Terminus	Amino-Terminus
Ni-NTA	Nickel-Nitriloessigsäure
NMR	Kernspinresonanzspektroskopie
NRMSD	*normalized root mean square deviation*
OD600	Optische Dichte bei 600 nm
OM	*outer membrane* (Außenmembran)
OMP	*outer membrane protein* (Außenmembranprotein)
OmpA	*outer membrane protein* A
PAGE	Polyacrylamidgelelektrophorese
PC	Phosphatidylcholin
PCR	Polymerasekettenreaktion

PDB	*protein data bank*
PE	Phosphatidylethanolamin
PG	Phosphatidylglycerin
PhoE	*outer membrane phosphoporin protein* E
POTRA	*polypeptide transport-associated*
RT	Raumtemperatur
SDS	Natriumdodecylsulfat
ss	Signalsequenz
SUV	*small unilamellar vesicle*
TCEP	Tris(2-carboxyethyl)phosphin
TPR	*tetratricopeptide repeat*
Tris	Tris(hydroxymethyl)-aminomethan
Trp	Tryptophan
U	Ungefaltete Form von OmpA
u.	und
UV	ultraviolett
wt	Wildtyp

Lesehinweis für die Printversion:

Die ursprünglich farbig angelegten Abbildungen stehen auf der Produktseite zu diesem Buch unter www.springer.com zur Verfügung.

Formelsymbole und -einheiten

A_f	Anteil des schnelleren Faltungsprozesses
c	Konzentration/Lichtgeschwindigkeit
cm	Zentimeter
cps	*counts per second*
Da	Dalton
E	Energie
E_A	Aktivierungsenergie
F_{330}	Fluoreszenzemission bei 330 nm
f_b	Anteil an gebundenem Protein
f_f	Anteil an ungebundenem/freien Protein
g	Gramm
h	Stunde
J	Joule
k	Diffusionskonstante
K	Kelvin
K_a	Assoziationskonstante
kb	Kilobasen
kDa	Kilo-Dalton
k_f	Geschwindigkeitskonstante des schnellen Faltungsprozesses
k_s	Geschwindigkeitskonstante des langsamen Faltungsprozesses
l	Länge der Küvette
L	Liter

L_T	Totale Lipidkonzentration
M	Molar
min	Minute
µl	Mikroliter
µM	Mikromolar
ml	Milliliter
mM	Millimolar
n	Anzahl der Aminosäuren/Bindungsstellen
µg	Mikrogramm
mg	Milligramm
ng	Nanogramm
nm	Nanometer
P_B	Konzentration an gebundenem Protein
P_F	Konzentration an ungebundenem/freien Protein
pI	isoelektrischer Punkt
R	universelle Gastkonstante
rpm	Umdrehungen pro Minute
s	Sekunde
T	Temperatur
$T_m(°C)$	Phasenumwandlungstemperatur in °C
U	*unit*
v	Frequenz
Θ	Elliptizität
λ	Wellenlänge

Zusammenfassung

Die Außenmembran (OM) von Gram-negativen Bakterien wirkt als hoch selektive Barriere, die die Zelle vor extrazellulären cytotoxischen Agenzien isoliert. In die Membran eingebettet sind Außenmembranproteine (OMPs) die verschiedene Prozesse regulieren, so z.B. den aktiven/passiven Transport, die Proteolyse oder die Sekretion. Die Assemblierung dieser OMPs ist ein komplexer Prozess, der mehrere Faltungsfaktoren erfordert. Der hoch-konservierte *β-barrel assembly machinery* (BAM)-Komplex katalysiert die Assemblierung von OMPs und besteht aus den fünf Untereinheiten BamA, B, C, D und E.

Diese Arbeit demonstriert die Relevanz des Lipoproteins BamB und seine Funktion als Faltungshelferprotein für OMPs in *E. coli*.

Mittels CD-Spektroskopie konnte in der hier dokumentierten Studie festgestellt werden, dass das Lipoprotein BamB die native Sekundärstruktur bereits in einer hydrophilen Umgebung in Puffer adaptiert und die korrekte und vollständige Faltung von BamB unabhängig von einer hydrophoben Umgebung ist. Die zielgerichteten Mutationen G120C-BamB und S126C-BamB führten zu keiner Veränderung der Proteinstruktur und können in Zukunft für weitere Interaktionsstudien verwendet werden.

Die hier beschriebenen Studien zur Faltungskinetik von OmpA identifizierten BamB und BamD als potentielle Faltungshelferproteine. Beide Lipoproteine erleichterten separat die Faltung und Insertion von OmpA in beiden Modellmembranen - SUVs und LUVs. Die Geschwindigkeit der Faltung von OmpA nahm in Gegenwart der Lipoproteine zu. Sie kann durch ein kinetisches Modell beschrieben werden und hängt im Wesentlichen von A_f und k_f ab. Dabei beschreibt A_f den Anteil des schnelleren von zwei parallelen Faltungsprozessen und k_f die Geschwindigkeitskonstante des schnelleren Faltungsprozesses. k_f nahm in Gegenwart von BamB oder BamD zu, so dass ein katalytischer Effekt auf die Faltung und Insertion von OmpA vorlag. Folglich reduzierten BamB und BamD die Aktivierungsenergie des Faltungsprozesses. Hier konnte eine verbesserte Faltungskinetik von OmpA aufgrund der Gegenwart von BamB und BamD in LUVs identifiziert werden. Faltungen in DLPC veranschaulichten die erleichterte Insertion von OmpA in Membranen ohne den Inhibitor DLPE. BamB besaß, nach Analysen mit Fluoreszenzspektroskopie, eine höhere Affinität dem negativ geladenen DLPG gegenüber. Demnach wurde durch eine Sättigung der Membran mit dem Lipoprotein die erleichterte Insertion von OmpA verhindert. Weitere Analysen ließen *in vitro* eine 1:1 Stöchiometrie zwischen BamB und OmpA vermuten.

Summary

The outer membrane (OM) of Gram-negative bacteria acts as a high selective barrier by separating the cell from extracellular cytotoxic substances. Outer membrane proteins (OMPs) are integrated into the membrane and regulate different processes involving the active/passive transport, proteolysis or secretion. The assembly of OMPs is based on a complex process that requires several folding factors. The highly conserved β-barrel assembly machinery (BAM)-complex catalyzes the assembly of OMPs and is composed of five subunits known as BamA, B, C, D and E. This work demonstrates the relevance of the lipoprotein BamB as an important folding assistant for OMPs in *E. coli*.

Measurements with CD spectroscopy indicated that BamB already forms its native secondary structure in buffer making the correct and complete folding of the protein independent of a hydrophobic environment. Furthermore, two mutations, G120C-BamB and S126C-BamB, did not alter the structure of BamB. Both mutants can be used in future binding studies. Kinetic studies on the folding of OmpA identified BamB und BamD as potential folding assistants. Both lipoproteins facilitated the folding and insertion of OmpA into lipid bilayers of SUVs or LUVs, used in separate experiments. A catalytic effect of BamB and BamD on the folding and insertion of OmpA into lipid bilayers of dilauoyl phospholipids (LUVs) was observed since the kinetic parameters, namely A_f, which is the contribution of the faster of two parallel folding processes, and k_f, which is the rate constant of the faster process, increased in the presence of both lipoproteins. Additionally BamB and BamD lowered the activation energy of the folding process. Folding and insertion of OmpA into membranes that were comprised of DLPC only, was faster due to the absence of the inhibitor DLPE. Fluorescence spectroscopy showed that BamB has an increased affinity for the negatively charged lipid DLPG. Thus, an early saturation of the membrane with the lipoprotein prevented the facilitated folding of OmpA. Further studies indicated a 1:1 BamB/OmpA-stoichiometry *in vitro*.

Inhaltsverzeichnis

1. Einleitung

1.1 Biomembranen

Biologische Membranen agieren als selektive Barriere innerhalb und außerhalb einer Zelle und kontrollieren die Übertragung von Signalen sowie den Transport von Substanzen. Über diesen Prozess gelangen sowohl Ionen und hydrophile bzw. geladene Moleküle, z. B. Aminosäuren oder Kohlenhydrate, als auch hydrophobe Substanzen, z.B. Fettsäuren, mit Hilfe von spezifischen Membranproteinen in die Zelle.

Gram-negative Bakterien sind von einer inneren und einer äußeren Membran umgeben, die durch das Periplasma getrennt sind. Im Periplasma befindet sich die Peptidoglycan- (oder Murein-) schicht.

Die innere Membran (IM) besteht aus einer Phospholipid-Doppelschicht, die aus asymmetrisch verteilten Glycerophospholipiden sowie aus Proteinen, aufgebaut ist. Die Lipid-Doppelschicht der äußeren Membran (*outer membrane*, OM) hingegen besteht aus einer an das Periplasma angrenzenden Phospholipid-Monoschicht und einer Monoschicht aus Lipopolysacchariden (LPS), die zur Umgebung der Zelle orientiert ist. In die OM sind integrale (oder Trans-) Membranproteine eingebettet, die fast ausnahmslos eine β-Faltblattstruktur besitzen (Vogel und Jähnig 1986, Kleinschmidt 2006, Tommassen 2010). Die OM fungiert primär als selektiv-permeable Barriere, die Zellen vor dem äußeren Milieu schützt und abgrenzt. Aufgrund ihrer hydrophoben Eigenschaften und der Anwesenheit von LPS, sichert die OM die Integrität der Zelle und folglich das Überleben des Bakteriums.

1.2 Phospholipide

Phospholipide bilden die häufigste Klasse von Lipiden in Biomembranen. Phosphoglyceride bestehen aus zwei Fettsäuren, deren Carboxylgruppen mit den Hydroxylgruppen der Kohlenstoffatome 1 und 2 des Glycerins verestert sind (Abb. 1.1). Die Hydroxylgruppe des 3. Kohlenstoffatoms von Glycerin ist mit einem Phosphatrest verestert. Die Fettsäuren sind hydrophob, während die polare Kopfgruppe, gebunden an den Phosphatrest, die Klasse des Phospholipids bestimmt. Bei 75-80 % aller zellulären Phospholipide in *E. coli* handelt es sich um die zwitterionischen Phosphatidylethanolamine (PE), die als Kopfgruppe Ethanolamin aufweisen, gefolgt von den negativ geladenen Phosphatidylglycerinen (PG), die als Kopfgruppe Glycerin besitzen. Unterschiedliche Anteile von PE an der Lipid-zusammensetzung und ein unterschiedlicher Gehalt an gesättigten Fettsäuren in verschiedenen PEs der OM und der IM sind charakteristisch (Morein *et al.* 1996, Ricci *et al.* 2012).

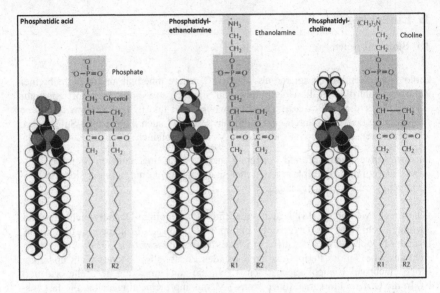

Abb. 1.1 Struktur verschiedener Phospholipide. Das Grundgerüst von Phosphoglyceriden besteht aus zwei Fettsäuren, gebunden an Glycerin, das wiederum mit einem Phosphatrest verknüpft ist (*links*). Die polare Kopfgruppe, gebunden an die Phosphatgruppe, typifiziert das Lipid. Phosphatidylethanolamine (PE) kommen am häufigsten in bakteriellen Zellmembranen vor (*mitte*), während Phosphatidylcholin (PC, *rechts*) in den meisten Eukaryoten, allerdings selten in Bakterien auftritt (Cooper 2000).[1]

Die Lipidmembran besitzt, abhängig von Temperatur, Druck oder der Lipidzusammensetzung, ein unterschiedliches lamellares Phasenverhalten (Homan and Pownall 1988, Morein *et al.* 1996, Rawicz *et al.* 2000). Dies nimmt Einfluss auf die Faltung von Proteinen in die Membran. Lipide können sowohl in einer flüssig-kristallinen, ungeordneten als auch in einer stabileren Gelphase existieren. Der Phasenübergang ist für jede Lipidmembran spezifisch und wird z.B. durch die Anzahl von C-Atomen in den Acylketten des Lipids, dem Anteil an (un)gesättigten Fettsäuren oder dem Cholesterol-Gehalt in der Membran charakterisiert. Eine längere Kohlenwasserstoffkette resultiert aufgrund der größeren Fläche und besseren Interaktionsmöglichkeit in stärkeren Van-der-Waals-Kräften, so dass die Beweglichkeit der Lipide herabgesetzt und mehr Energie benötigt wird, um den Phasenübergang zu erreichen. Die flüssige, beweglichere Phase gegünstigt die Faltung von Proteinen in die Membran, da die Lipidmoleküle sich in der Ebene frei bewegen können. Dieses Verhalten wird durch die Erhöhung der

---

[1]   Alle ursprünglich farbig angelegten Abbildungen stehen auf der Produktseite zu diesem Buch unter www.springer.com zur Verfügung.

Temperatur noch weiter unterstützt. Im Gegenzug führen niedrige Temperaturen zum Erstarren der Membran, wodurch sich die Lipide zu einer geordneten Form orientieren.

In dieser Arbeit wird die Abhängigkeit der Faltungskinetik von OmpA von der Temperatur bestimmt. Um mögliche Artefakte aufgrund von Phasenübergängen zu vermeiden, werden Lipide eingesetzt, deren Phasenumwandlungstemperatur $T_m(°C)$ für die Umwandlung von der Gel- zur flüssig-kristallinen Phase niedrig ist und unterhalb des betrachteten Temperaturbereiches liegt. Damit wird sichergestellt, dass alle Messungen für die lamellare, flüssig-kristalline Phase der Lipidmembran durchgeführt werden. T_m liegt z. B. für DLPC (mit 12 Kohlenstoffatomen in den Lauroylketten dieses Phosphatidylcholins) bei -2 °C und erhöht sich auf 24 °C in DMPC (mit 14 Kohlenstoffatomen in den Myristoylketten dieses Phosphatidylcholins, Marsh 2013). So liegt hydratisiertes DLPC in wässriger Umgebung ab einer Temperatur von $T > T_m = $ -2 °C in der flüssig-kristallinen Phase vor, bzw. bei $T < T_m$ in der Gel-Phase.

1.3 Membranproteine und ihr Sekretionsweg in Gram-negativen Bakterien

Proteine verleihen Membranen charakteristische funktionelle Eigenschaften. Gemäß der Membranprotein-Topologie lassen sich Membranproteine in integrale und periphere Membranproteine unterteilen.

Periphere oder extrinsische Membranproteine binden entweder an integrale Membranproteine oder aber direkt an die Lipidoberfläche der Membran, z.B. an die polaren Kopfgruppen der Lipide. Im Gegensatz dazu werden integrale Membranproteine, auch Transmembranproteine genannt, durch hydrophobe Polypeptidkettenabschnitte in die Phospholipid-Doppelschicht eingebettet. Integrale Membranproteine können Membranen einmal (*single-pass*) oder mehrfach (*multi-pass*) durchspannen (Abb 1.2). Die α-helikalen Domänen können durch ihre hydrophoben Seitenketten über van-der-Waals Wechselwirkungen mit der Membran oder durch polare und ionische Interaktionen mit der polaren Kopfgruppe der Phospholipide interagieren. Prinzipiell werden 20-30 Aminosäuren mit einem hohen hydrophoben Anteil benötigt, um eine Membran einmal zu durchspannen (zusammengefasst in Lodish *et al.* 1999).

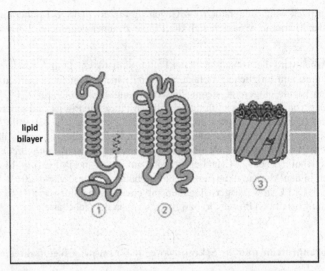

Abb. 1.2 Insertion von integralen Membranproteinen in die Lipid-Doppelschicht. Transmembranproteine können aus einer einzelnen α-Helix (1), multiplen α-Helices (2) oder mit einer β-Fass-Struktur die amphiphile Lipid-Doppelschicht der Membran durchqueren. (1) und (2) werden auch als *single-pass* und *multi-pass* bezeichnet. Die Grafik wurde aus Alberts *et al.* 2002 entnommen.

Unterschieden werden zwei Hauptklassen von Transmembranproteinen, die sich nicht nur durch unterschiedliche Strukturen auszeichnen, sondern, zumindest in Bakterien wie *E. coli,* auch mit der Lokalisierung des Proteins korrelieren. Während mit Ausnahme des Proteins Wza α-helikale Transmembranstrukturen nur in der cytoplasmatischen Membran vertreten sind, enthält die OM Proteine mit verschiedenen β-Fass-Strukturen, die aus antiparallelen, amphipathischen β-Faltblattstrukturen aufgebaut sind (Koebnik *et al.* 2000). In den Transmembranregionen der β-Fass-Proteine sind polare Aminosäure-Seitenketten in das wässrige Lumen des Proteins gerichtet, während die hydrophoben Aminosäurereste zu den Fettsäureketten der Membranlipide orientiert sind. Im Vergleich zu α-helikalen Strukturen sind sie unflexibler aber stabiler.

Eine Charakteristik, die alle integralen OMPs von Bakterien typifiziert, ist eine gerade Anzahl an transmembranen β-Faltblättern. Mit Hilfe von OMPs können bestimmte Nährstoffe die Zellmembran passieren (Ricci *et al.* 2012). In *E. coli* agieren eine Reihe von OMPs als unspezifische, passive Transporter, die Diffusionen von Ionen oder hydrophilen Molekülen mit weniger als 700 Da durch die Membran ermöglichen. Einige dieser Kanäle bestehen aus 16-strängigen antiparallelen β-Faltbättern und werden Porine genannt. Die Porine OmpF, OmpC, und PhoE, sind allesamt Homotrimere (Tamm *et al.* 2004). Andere 18-strängige OMPs sind spezifische Porine, z. B. für Maltose

(Maltoporin, auch LamB genannt) oder Sucrose (ScrY). Die 22-strängigen β-Fass OMPs FhuA, FepA, FecA, oder BtuB sind aktive Transporter, z. B. für Eisen oder Vitamin B12. Daneben gibt es OMPs mit enzymatischer Aktivität, wie die Protease OmpT, die Lipase OmpLA, oder die Acyltransferase PagP (Kleinschmidt 2006).

OMPs sind in eine Vielzahl von biologischen Prozessen involviert. Damit sie zur Membran transportiert werden können werden sie zunächst im Cytoplasma mit einer Signalsequenz am N-Terminus synthetisiert. Durch die IM werden sie mit Hilfe des Sec-Translocons, bestehend aus den integralen Membranproteinen SecY, SecE und SecG, sekretiert und auf der periplasmatischen Seite der Membran freigesetzt (Pugsley et al. 1993). Nicht jeder Export von präsekretorischen Proteinen ist Sec-abhängig. Für das periplasmatische Maltose-Bindeprotein (MBP) und viele OMPs ist die Transloka-tion mit Sec nicht essentiell (Lee et al. 2001). Lediglich die Erhöhung der hydropho-ben Eigenschaften der Signalsequenzen der Transmembranproteine OmpA und LamB resultiert in einer korrekten Translokation der Proteine zur OM (Ricci et al. 2012). Gebunden an Chaperone (Skp, SurA) werden die Proteine anschließend durch das Pe-riplasma und die Peptidoglycanschicht transportiert und zur OM dirigiert (zusammen-gefasst in Abb 1.3). DegP agiert dabei vermutlich nur als Protease.

Im Periplasma sind keinerlei Energiequellen wie z.B. ATP verfügbar, die die Faltung von Proteinen in die Membran erleichtern könnten (Wülfing und Plückthun 1994). Durch den aus fünf Untereinheiten bestehenden β-barrel assembly machinery (BAM)-Komplex wird dieses Problem überwunden (Abschnitt 1.4). Dieser beschleunigt die Faltung von naszierenden Proteinen, indem er die kinetische Barriere, die für die Fal-tungsreaktion benötigt wird, herabsetzt und die OMPs in die OM inseriert (Patel et al. 2009, Patel und Kleinschmidt 2013, Gessmann et al. 2014, zusammengefasst in Abb 1.3).

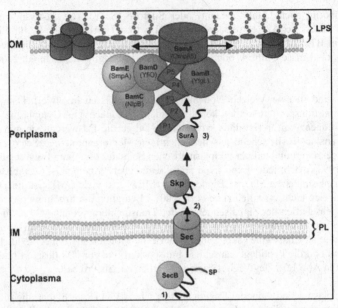

Abb. 1.3 Sekretionsweg von Membranproteinen in Gram-negativen Bakterien. OMPs werden im Cytoplasma mit einer Signalsequenz am N-Terminus synthetisiert (**1**), via Sec-Translocon zum Periplasma transportiert (**2**), von Skp und SurA gebunden (**3**) und mit Hilfe des BAM-Komplexes in die OM inseriert. Die Grafik wurde nach Walther *et al.* 2009 modifiziert. Eine detaillierte Beschreibung befindet sich in Abschnitt 1.4. OM = Außenmembran, IM = Innenmembran, LPS = Lipopolysaccharid, PL = Phospholipid, SP = Signalpeptid.

1.4 Der β-*barrel assembly machinery* (BAM)-Komplex

Nachdem die ungefalteten OMPs durch das Periplasma transportiert wurden, interagieren sie im nächsten Schritt mit dem *β-barrel assembly machinery* (BAM)-Komplex der OM. Über diesen Komplex werden sie in die Membran eingebaut (Abb 1.4). Der BAM-Komplex ist hoch konserviert, da er in allen Organismen zu finden ist (Knowles *et al.* 2009), und besteht aus fünf Komponenten: Zum einen aus dem OMP BamA und zum anderen aus den OM Lipoproteinen BamB, BamC, BamD und BamE, die an BamA direkt oder indirekt binden. Dabei bilden BamC, D und E einen stabilen Subkomplex, der über BamD mit BamA interagiert (Rigel *et al.* 2012). Die Lipoproteine sind im Periplasma lokalisiert und es ist anzunehmen, dass sie über einen Lipidanker mit der OM verbunden sind (Hayashi und Wu 1990).

BamA (85 kDa, Synonyme: YaeT (*E. coli*) oder Omp85 (*Neisseria meningitidis*)) besteht neben einer C-terminalen transmembran-ständigen β-Fass-Domäne aus einer etwa gleichviele Aminosäurereste umfassenden periplasmatischen Domäne. Die periplasmatische Domäne von BamA besteht aus ca. 400 Aminosäureresten (ca. 42 kDa)

die fünf N-terminalen *polypeptide-transport-associated* (POTRA)-Domänen ausbilden. An dieses periplasmatische Gerüst binden die Lipoproteine BamB und BamD.
Während die Domäne P5 für die physikalische Assoziation mit BamD bzw. dem hete-
rotrimeren Subkomplex der Lipoproteine BamCDE erforderlich ist, erfordert die stabi-
le Assoziation zwischen BamA und BamB die Domänen P2-P5 (Kim *et al.* 2007,
Noinaj *et al.* 2012). Zudem scheinen BamB und der Komplex BamCDE unabhängig
voneinander mit BamA zu interagieren. Die physikalische Assoziation zwischen
BamCDE und BamA wird durch Mutationen in BamB nicht beeinflusst, was die Vermutung nahe legt, dass beide in verschiedenen Schritten der Insertion von OMPs involviert sind (Kim *et al.* 2007).

Mit einer Größe von ca. 42 kDa ist BamB (YfgL) das Größte der vier Lipoproteine. Es
besitzt eine Propellerstruktur aus acht Flügeln, die aus jeweils vier β-Faltblättern aufgebaut sind. Das Protein interagiert, unabhängig von den anderen BAM-
Komponenten, mit der POTRA-Domäne von BamA (Noinaj *et al.* 2011, Kim *et al.*
2011).

Das Lipoprotein BamC (NlpB) mit einer Größe von ca. 37 kDa besteht sowohl aus
α-helikalen- als auch aus β-Faltblattstrukturen. Die beiden Hauptdomänen von BamC
sind durch einen flexiblen *linker* verbunden. Die C-terminale Domäne ist vermutlich
wichtig für die Interaktionen mit anderen BAM-Komponenten, Proteinen oder Subs-
traten, während die unstrukturierte N-terminale Region für die Stabilisierung des
BamCD-Komplexes erforderlich ist (Remaut *et al.* 2013).

BamD (YfiO) besitzt eine Größe von ca. 28 kDa und ist nicht nur für die Funktionalität des BAM-Komplexes erforderlich, sondern für das Wachstum der Zelle essentiell.
Strukturell besteht das Lipoprotein aus zehn α-Helices, die fünf *tetratricopeptide
repeat* (TPR)-Motive formen (Malinverni *et al.* 2006, Wu *et al.* 2005).

Mit einer Größe von ca. 12 kDa ist BamE (SmpA) das kleinste Protein, aber die am
höchsten konservierte BAM-Komponente und kann im Periplasma eine monomere
und im Cytoplasma eine dimere Struktur adaptieren (Kim *et al.* 2011). Sowohl BamC
als auch BamE sind für die Stabilisierung der Interaktion zwischen BamA und BamD
bedeutend. Es ist anzunehmen, dass BamE, vermutlich durch die Interaktion mit
BamD, die Konformation von BamA vermittelt (Rigel *et al.* 2012).

Zwar tragen die Komponenten BamB-E entscheidend zur funktionellen Integrität des
Komplexes bei, allerdings ist nur ein Komplex aus BamA, B und D oder BamA, D und
E für das Wachstum der Zelle essentiell (Malinverni *et al.* 2006).

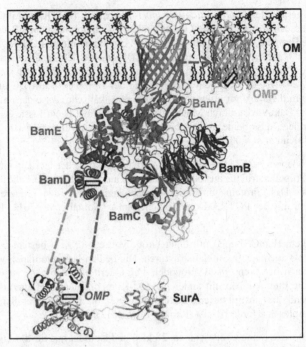

Abb. 1.4 Modell des *β-barrel assembly machinery* (BAM)-Komplexes. Mit Hilfe von peri-plasmatischen Chaperonen werden OMPs (hellblau), die in die OM inseriert und gefaltet werden sol-len, zum BAM-Komplex transportiert. Dieser besteht aus fünf Proteinen, wobei BamA = orange (PDB-Struktur: 4C4V) das einzige OMP darstellt. BamB-E sind Lipoproteine, farblich markiert durch BamB = dunkelblau (PDB-Struktur: 2YH3), BamC = violett (PDB-Struktur: 2YH6, 2YH5), BamD = rot (PDB-Struktur: 2YHC) und BamE = grün (PDB-Struktur: 2YH9). Das Chaperon SurA ist in gelb dargestellt (Albrecht und Zeth 2011).

Der BAM-Komplex kann *in vitro* in funktionell aktiver Form in Lipide rekonstituiert werden, besitzt vermutlich eine 1:1:1:1:1 Stöchiometrie und ermöglicht die Faltung von β-Fass-Membranproteinen in Liposomen, falls das molekulare Chaperon SurA anwesend ist (Hagan *et al.* 2010).

1.5 BamB: Struktur und Eigenschaften

Das Lipoprotein BamB, als Teil des BAM-Komplexes, gilt im Gegensatz zu BamA und BamD als nicht essentiell für das Wachstum der Zelle (Wu *et al.* 2005). Dennoch resultiert die Deletion des Proteins in einer reduzierten Faltungsrate von OMPs, was das Bakterium zugleich anfälliger für Antibiotika macht (Wu *et al.* 2005, Charlson *et al.* 2006). Aus diesem Grund nimmt BamB eine spezielle Position bei der Assemblierung von OMPs war, bei der durch Koordination mit den anderen BAM-Komponenten die Aktivität des Gesamtkomplexes erhöht wird (Hagan *et al.* 2010).

BamB besteht aus 392 Aminosäuren und hat eine Masse von ca. 42 kDa (uniprot.org). Am N-Terminus befindet sich ein potentielles Signalpeptid (Aminosäurereste 1-19). Es wird erwartet, dass das Signalpeptid im Periplasma durch eine Leader-Peptidase abgespalten wird. Bakterielle Lipoproteine, die eine Konsensus-Sequenz, auch *lipobox* genannt, besitzen, werden im Cytoplasma synthetisiert. Die weitere posttranslationale Modifikation des Proteins erfolgt auf der periplasmatischen Seite der IM. Dabei werden am N-terminalen Cystein zwei Lipidanker kovalent verbunden, so dass ein N-palmitoyl, S-diacylglyceryl-Cystein entsteht (Hayashi und Wu 1990). Die Lipidanker sind für die Interaktion mit der Lipiddoppelschicht oder der OM erforderlich. Die Aminosäuren 22-26 bilden eine α-Helix, während die restliche Sequenz aus β-Faltblattstrukturen oder β-Schleifen aufgebaut ist.

Kristallstrukturanalysen verdeutlichen, dass BamB eine Propellerstruktur aus acht Flügeln besitzt. Diese bestehen aus je vier antiparallelen β-Faltblättern und sind durch mehrere Schleifen (*interconnecting loops*, IL) verbunden, die an die Oberfläche des Proteins ragen (Abb. 1.5). Betrachtet man die Oberfläche von BamB, so weist die Propellerstruktur im Zentrum einen Hohlraum auf, der aufgrund seiner Struktur als Donut bezeichnet wird. Speziell um diesen Hohlraum befinden sich beidseitig Aminosäuren, die ein stark negatives elektrostatisches Oberflächenpotential besitzen. Die stark negative Ladung des Proteins könnte für spezifische Interaktionen mit anderen Proteinen essentiell sein (Noinaj *et al.* 2011).

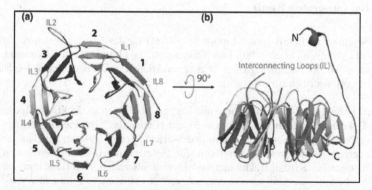

Abb. 1.5 Struktur von BamB. a) Jeder Flügel der achtsträngigen-Propellerstruktur ist aus je vier β-Faltblättern aufgebaut und durch unterschiedliche Farben hervorgehoben (1-8). **b)** Diese interagieren durch verbindende Schleifen miteinander (*interconnecting loops*, IL). Zur besseren Übersicht sind die N-terminalen Aminosäuren 21-40 nicht dargestellt. Die Grafik wurde aus Noinaj *et al.* 2011 entnommen.

BamB ähnelt anderen Proteinen der WD40-Familie, die gewöhnlich eine sieben- bis achtblättrige Propellerstruktur einnehmen. Sieben sogenannte „WD40-*repeats*", bei denen es sich um kurze, aus ca. 40 Aminosäuren bestehende Motive handelt, bilden eine WD40-Domäne, die eine wichtige Bindungsstelle für Protein-Protein-Interaktionen ist. Des Weiteren sind WD40-Proteine an der Signaltransduktion, Regulation der Transkription, Autophagie oder der Apoptose beteiligt und koordinieren die Bildung von Multiproteinkomplexen, indem sie als starres Gerüst für Proteininteraktionen fungieren (Pfam: WD40, Albrecht *et al.* 2011). Ob BamB vergleichbare Funktionen übernimmt konnte bisher nicht geklärt werden.

Konservierte Aminosäuren, die vermutlich an der Interaktion mit BamA beteiligt sind, befinden sich in den Schleifen IL4 und IL5. Als größte Schleife ragt IL2 aus dem Zentrum des Proteins heraus und könnte als funktionelle Region von Bedeutung sein. Aufgrund der Tatsache, dass BamB zwar nicht essentiell ist, aber dennoch bei Anwesenheit die Faltungseffizienz von OMPs *in vitro* und *in vivo* erhöht, könnte BamB auch als Gerüst dienen, an das die POTRA-Domäne(n) von BamA binden. BamB könnte diese dadurch stabilisieren und für die Erkennung und Faltung von OMPs sorgen (Noinaj *et al.* 2011).

Ferner führt eine simultane Deletion des Gens von *bamB* und des Gens *surA* der periplasmatischen Chaperone SurA zu Phänotypen, die auf einen Defekt in der Assemblierung von LamB hinweisen. Dies deutet auf eine gemeinsame Funktion ihrer Genprodukte hin. Damit könnte BamB direkt an der Bindung von OMPs oder dem Transport von naszierenden OMPs von SurA zu BamA beteiligt sein (Ureta *et al.* 2007).

1.6 Das Lipoprotein BamD

Im Gegensatz zu BamB ist das Lipoprotein BamD für das Überleben von *E. coli* essentiell (Malinverni *et al.* 2006). Es wird vermutet, dass BamD für die Erkennung von C-terminalen Konsensus-Signalen oder Interaktionen mit ungefalteten Vorläufer-OMPs verantwortlich ist.

BamD besteht aus 245 Aminosäuren und hat eine Masse von ca. 28 kDa (uniprot.org). Am C-Terminus bilden 19 Aminosäuren ein potentielles Signalpeptid, gefolgt von zwei möglichen (N-palmitoyl-Cystein und S-diacylglycerol-Cystein) Lipidankern, die nach derzeitiger Interpretation von BamD für die Interaktion mit der hydrophoben OM benötigt werden. Kristallstrukturanalysen des Proteins zeigen, dass BamD aus zehn α-Helices besteht, die fünf *tetratricopeptide repeat* (TPR)-Motive formen (Abb. 1.6). Proteine, die ein TPR-Motiv enthalten, dienen häufig als Gerüste für Multiproteinkomplexe oder sind für die Funktionalität von Chaperonen notwendig (Blatch und Lässle 1999).

Die C-terminale Region von BamD dient als Plattform für Interaktionen mit den BAM-Komplexen BamA, BamC und BamE (Malinverni *et al.* 2006), wobei die N-terminale Region offenbar für die Interaktion mit Chaperonen verwendet wird, um dem Insertions- und Faltungsprozess von Proteinen zu assistieren (Dong *et al.* 2012). Sam35, eine essentielle Komponente des OM-Komplexes in Mitochondrien, reguliert ebenfalls die Assemblierung von β-Fassproteinen. Dabei bindet Sam35 in Abhängigkeit des C-terminalen Erkennungs-signals an die noch ungefalteten Proteine (Kutik *et al.* 2008). Folglich ist es wahrscheinlich, dass BamD in Bakterien eine vergleichbare Aufgabe übernimmt.

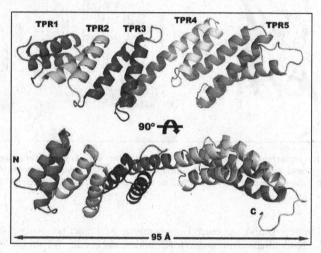

Abb. 1.6 Kristallstruktur von BamD. Die C-terminale Region beinhaltet die TPR-Motive 4 (gelb) und 5 (orange), während der N-Terminus aus den TPRs 1-3 (rot, grün, blau) aufgebaut ist. Mit TPR 3 verbunden befindet sich eine nach außen gerichtet Schleife (violett). Die Grafik wurde aus Sandoval *et al.* 2011 entnommen.

1.7 *Outer membrane protein* A (OmpA) als Modellprotein für Faltungsstudien

Für die Analyse der thermodynamischen Stabilität von integralen Membranproteinen oder der Faltung und Insertion von OMPs *in vitro* wird häufig das β-Fassprotein *outer membrane protein A* (OmpA) aus *E. coli* als Modell verwendet (Abb. 1.7).

OmpA übernimmt in *E. coli* verschiedene funktionelle Aufgaben einschließlich der Aufrechterhaltung der Zellstabilität oder der Biofilm-Bildung. Als Porin mit einer geringen Permeabilität erlaubt OmpA das Eindringen von kleineren, gelösten Substanzen z.B. einzelatomigen Ionen wie Na^+ oder Cl^- in die Zelle (Arora *et al.* 2000). Zusätzlich fungiert das Protein als Rezeptor für Bakteriophagen (Morona *et al.* 1987, Koebnik *et al.* 2000, Mittal *et al.* 2011).

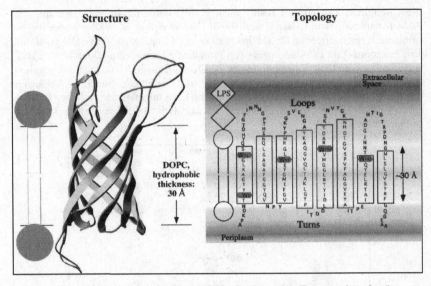

Abb. 1.7 Kernspinresonanzspektroskopie-(NMR)-Struktur der Transmembrandomäne von OmpA. Enge *turns* verbinden die acht Transmembranstränge auf der periplasmatischen Seite, während flexible Schleifen (*loops*) mit dem Protein im extrazellulären Raum interagieren (Tamm *et al.* 2001).

Strukturell besteht OmpA aus einer Transmembran- und einer periplasmatischen Domäne. 171 N-terminale Aminosäurereste bilden dabei die β-Faltblatt-Membrandomäne, während 154 C-terminale Aminosäurereste die periplasmatische Domäne aufbauen (Abb. 1.7). Die β-Faltblatt-Membrandomäne besteht aus acht β-Strängen, die das sogenannte β-Fass ausbilden, und eine schmale Pore in der OM bilden. Die β-Stränge sind durch flexible Schleifen miteinander verbunden, während die C-terminale Domäne mit der Peptidoglycanschicht im Periplasma nicht kovalent assoziiert ist (uniprot.org, Reusch 2012, Park *et al.* 2012).

Hohe Konzentrationen des chaotropen Denaturierungsmittels Harnstoff zerstören die sekundäre und tertiäre Struktur vieler Proteine (Pace 1986). OmpA liegt bei einer Konzentration von 8 M Harnstoff ungefaltet vor, was es ermöglicht die Rückfaltung und Wiedergewinnung der nativen Struktur bei Verdünnung des Harnstoffs zu studieren. Dieser Prozess erfordert lediglich die Anwesenheit bestimmter Detergenzien oder vorpräparierten Lipiddoppelschichten bestimmter Lipide (Surrey *et al.* 1992, Kleinschmidt *et al.* 1999). Lipid-Doppelschichten (*lipid bilayers*) werden häufig als unilamellare Vesikel aus Dioleoylphosphatidylcholin (DOPC) präpariert und dienen als Modellmembranen (siehe Abschnitt 2.3.1).

1.8 Wissenschaftlicher Hintergrund

1.8.1 Der kinetics of tertiary structure formation by electrophoresis (KTSE)-Assay

Die kinetische Faltung in die Membran und die Gewinnung der tertiären Struktur von Transmembranproteinen kann mit Hilfe von Gelelektrophorese studiert werden. Dieser *kinetics of tertiary structure formation by electrophoresis* (KTSE)-Assay kann *in vitro* dazu verwendet werden OmpA in vorpräparierte Vesikel zu falten und die Faltungskinetik des Proteins zu bestimmen. Die Grundlage für den Assay bildet die Tatsache, dass das Detergenz Natriumdodecylsulfat (SDS) bei Raumtemperatur (RT) keinen Einfluss auf die stabilen β-Fass-Strukturen von OMPs aus Bakterien zeigt und die OMPs nicht denaturiert, allerdings die weitere Faltung inhibiert. Aufgrund der Kompaktheit der gefalteten Proteinstruktur wandern die native und die ungefaltete Form von OmpA in einem SDS-Polyacrylamid-Gel unterschiedlich weit, wenn das Protein zuvor nicht erhitzt wird (*cold SDS-PAGE*). Falls das Protein komplett gefaltet vorliegt, wandert es entsprechend einer molekularen Masse von ca. 30 kDa. Ist hingegen das Protein ungefaltet, so wandert es entsprechend einer Masse von ca. 35 kDa (Schweizer *et al.* 1978). Dieses unterschiedliche Verhalten kann folglich für kinetische Analysen der Membranproteinfaltung verwendet werden.

Die Faltungskinetik von OmpA wird parallel in An- und Abwesenheit von BamB oder BamD analysiert, um den Einfluss der BAM-Komponenten auf die Faltung temperaturabhängig zu untersuchen. Die Reaktion beginnt nach Zugabe von OmpA. Die Proben werden inkubiert und zu festgelegten Zeitpunkten in den vorgelegten Probenpuffer überführt. Die Faltung wird demnach gestoppt und die Ansätze können auf einem 12 %- bzw. 15 %-igem SDS-Gel analysiert werden (Details siehe Abschnitt 2.3.2)

1.8.2 CD-Spektroskopie

Das Phänomen des Circulardichroismus (CD) bezeichnet eine spezielle Eigenschaft von chiralen Molekülen, zirkular polarisiertes Licht in Abhängigkeit von der Polarisationsrichtung unterschiedlich stark zu absorbieren. Optisch aktive Moleküle, wie z.B. Proteine, absorbieren links und rechts zirkular polarisiertes Licht unterschiedlich stark. Da die Sekundärstrukturen von Proteinen chiral sind, ist es möglich, die Sekundärstrukturanteile von Polypeptiden und Proteinen mit der CD-Spektroskopie zu analysieren. Das Peptidgerüst als symmetrischer Chromophor von Proteinen absorbiert im Fern-UV bei 170-250 nm, während aromatische Aminosäureseitenketten von Phenylalanin, Tyrosin und Tryptophan (Trp) im Nah-UV zwischen 260 und 320 nm absorbieren (Greenfield und Fasman 1969). Im Nah-UV wird die CD-Spektroskopie verwendet, um die Tertiärstruktur des Proteins durch Detektion der Umgebung der Aminosäure zu studieren (ebd.). In dieser Arbeit liegt das Augenmerk auf der Analyse der Sekundärstruktur von BamB. Demnach ist nur die Absorption zwischen 180 nm und 250 nm relevant.

Generell besitzen verschiedene strukturelle Elemente eines Proteins ein charakteristisches CD-Spektrum, was es ermöglicht, den Anteil an α-Helices, β-Faltblättern oder β-Schleifen im Protein zu untersuchen (Abb. 1.8).

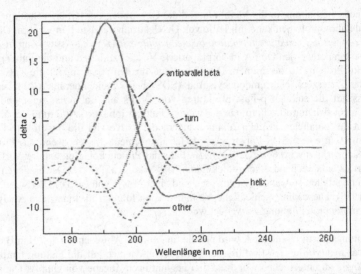

Abb. 1.8 Sekundärstrukturanalyse von Proteinen mittels CD-Spektroskopie im Fern-UV Bereich. Zwischen 170 und 250 nm lassen sich charakteristische CD-Spektren den Sekundärstrukturelementen von Proteinen zuordnen. Dargestellt sind: α-Helix (durchgezogene Linie), antiparalleles β-Faltblatt (langgestrichelte Linie), β-Schleife (gepunktete Linie) und irreguläre Strukturen (kurzgestrichelte Linie). Die Grafik wurde nach Brahms und Brahms 1980 modifiziert.

Negative Banden bei 222 nm und 208 nm und eine positive Bande bei 193 nm repräsentieren beispielsweise α-helikale Strukturen. Demgegenüber besitzen β-Faltblatt-Strukturen nur ein Minimum bei ca. 218 nm und ein Maximum bei ca. 195 nm. Die hochaufgelöste atomare Struktur von BamB wurde durch Kristallstrukturanalysen identifiziert und publiziert (siehe Abb. 1.5, Jansen *et al.* 2012, Albrecht und Zeth (PDB-Struktur 2YMS)). Die Sekundärstrukturanteile können aus der drei-dimensionalen Anordnung der Atome des BamB ermittelt werden. Der Vergleich der CD-Resultate mit denen aus der Kristallstruktur berechneten β-Faltblattanteilen erlaubt es Aussagen über die korrekte Faltung von BamB zu treffen.

1.8.3   Fluoreszenz-Spektroskopie

Die Fluoreszenz-Spektroskopie kann als Methode zur Analyse von Protein-Lipid- oder Protein-Protein-Interaktionen herangezogen werden. Diese Untersuchungen basieren auf Aminosäureresten, die mit Fluoreszenzstoffen chemisch markiert werden oder bereits als intrinsischer Fluorophor im Protein vorliegen. Innerhalb der aromatischen Aminosäuren, die allesamt intrinsische Fluorophore und mit einer spezifischen Wellenlänge anregbar sind, ist Tryptophan (Trp) aufgrund seiner Sensibilität gegenüber der Umgebung das am häufigsten verwendete. Die meisten Proteine enthalten mehrere Trp-Reste, die ungleich im Protein verteilt vorliegen und folglich ungleich zur gemessenen Fluoreszenz-Emission beitragen. Konformationsänderungen des Proteins oder Interaktionen mit Liganden können die Trp-Fluoreszenz im Protein verändern, da die Umgebung des Trp-Restes in der Proteinstruktur beeinflusst wird. Die Intensität der Fluoreszenz von Trp ist in einer hydrophoben Umgebung, z.B. den Fettsäureketten im Inneren einer Lipidmembran, größer als in Wasser, das ein effizienter Kollisionslöscher der Fluoreszenz von Chromophoren ist. Charakteristisch ist zusätzlich eine Verlagerung der Quantenausbeute zu kürzeren Wellenlängen, die als *blue shift* bezeichnet wird (Hayes und Kollman 1976). Diese Verschiebung der Fluoreszenzemission zu kürzeren Wellenlängen bzw. zu größeren Frequenzen der emittierten Strahlung ist direkt mit einer Änderung des Energieabstandes zwischen dem elektronisch angeregten Zustand und dem elektronischen Grundzustand verbunden. Der elektronisch angeregte Zustand wird durch polare Lösungsmittel in der Regel stabilisiert, d.h. seine Energie wird abgesenkt. Folglich verschiebt sich die Emission zu längeren Wellenlängen (*red shift*), wenn der Trp-Rest Wasser oder Puffer ausgesetzt ist. Zusätzlich nimmt die Emission ab, was auf eine strahlungslose Deaktivierung der Moleküle infolge der Kollision mit Wassermolekülen zurückzuführen ist. Die Energie des elektronisch angeregten Zustandes wird dadurch in Wärme umgewandelt (zusammengefasst in Zhao und Lappalainen, 2012).

Die Interaktion von BamB mit der Lipidmembran wurde in dieser Arbeit studiert, um die Protein/Lipid-Stöchiometrie zu bestimmen.

1.9 Zielsetzung der Arbeit

Membranproteine nehmen oft eine Schlüsselrolle in der Pathogenese von Infektionen ein und sind außerdem für eine Vielzahl physiologischer Prozesse von enormer Bedeutung. Mehr als 60 % der auf dem Markt erhältlichen Medikamente wirken auf Membranproteine als *drug targets*, obwohl die betreffenden Membranproteine nur wenig biophysikalisch oder biochemisch charakterisiert sind. Es ist daher essentiell, Struktur, Dynamik und Funktion von Membranproteinen zu charakterisieren (Sanders *et al.* 2000).

In dieser Arbeit werden die Funktion und die molekularen Wechselwirkungen der Lipoproteine BamB und BamD der Außenmembran von *E. coli* beschrieben. Der Einfluss dieser Proteine, als Komponenten des sogenannten β-*barrel assembly machinery* (BAM)-Komplexes, auf die Membranproteinfaltung des β-Fass-Modellproteins OmpA, wird für Lipid-Modellmembranen näher charakterisiert. BamB ist für das Wachstum von *E. coli* nicht essentiell, dennoch führt dessen Abwesenheit zu einer reduzierten Faltungseffizienz von OMPs *in vitro* und *in vivo* (Hagan *et al.* 2010). BamD hingegen ist für die Zelle essentiell und eine Deletion des Gens ist letal (Malinverni *et al.* 2006). Das Hauptaugenmerk dieser Arbeit soll auf der Charakterisierung von BamB liegen.

In einer früheren Arbeit (Hartinger 2014) wurde BamB bereits aus der Außenmembran von *E. coli* erfolgreich im entfalteten Zustand in 8 M Harnstoff gereinigt. Mittels CD-Spektroskopie wird die Sekundärstruktur des Proteins analysiert, um festzustellen, ob das entfaltete Protein in Anwesenheit von Lipiden in die native Proteinstruktur falten kann und ob bestimmte Lipide dafür von Bedeutung sind.

Im Weiteren wird der Effekt von gefaltetem, funktionellem BamB und BamD auf die Kinetik der Faltung von OmpA in Lipid-Doppelschichten unter verschiedenen Bedingungen charakterisiert (KTSE-Assay, siehe 1.8.1 und 2.3.2). Analysiert wird dabei die Aktivierungsenergie der Faltung von OmpA in Lipidmembranen und inwiefern BamB und BamD dabei katalytisch wirken können, d.h. ob BamB oder BamD die Aktivierungsenergie absenken. Es wird vermutet, dass der BAM-Komplex die physikalische Kontrolle über die OMP Faltungsreaktion im Periplasma *in vivo* ermöglicht und die Faltung von OMPs durch das Herabsetzen der kinetischen Barriere beschleunigt (Patel und Kleinschmidt 2013, Gessmann *et al.* 2014). Die Temperatur ist dabei ein essentieller Kennwert für die Ausbildung bzw. den Erhalt der nativen Struktur von Proteinen. Extreme Bedingungen führen zu instabilen Proteinen oder zur Denaturierung des Proteins. Für das Experiment werden Lipide unterschiedlicher Kettenlängen (12:0 PC, 18:1 PC, Details siehe Abschnitt 2.3) verwendet, die einen weiteren Effekt auf die Faltung von OmpA haben könnten.

Zusätzlich soll unter Verwendung des intrinsischen Fluorophors Trp die Protein-Lipid-Interaktion mittels Fluoreszenz-Spektroskopie analysiert werden. Mit dieser Methode kann bestimmt werden, in welchem Verhältnis sich BamB und Lipid zueinander verhalten bzw. bei welcher Stöchiometrie die Membran mit BamB gesättigt vorliegt.

Zwei Einzel-Cystein-Mutanten von BamB sollen darüber hinaus präpariert werden, um nach einer spektroskopischen Markierung am Cystein mögliche Interaktionen mit der Lipidmembran zu ermitteln. Vorher wird die Sekundärstruktur der isolierten Mutanten mit CD-Spektroskopie analysiert, um festzustellen, ob die Mutationen Einfluss auf die Struktur des Proteins haben. Diese Mutanten werden im Weiteren mit dem Fluorescein-Derivat IAF markiert.

2. Materialien und Methoden

2.1 Molekularbiologische Methoden

2.1.1 Zielgerichtete Mutagenese nach QuikChange

Für Untersuchungen von Protein-Lipid- bzw. Protein-Protein-Interaktionen wurde das "QuikChange XL Site-Directed Mutagenesis Kit" (Agilent, Waldbronn, Deutschland) verwendet, um zielgerichtet Punktmutanten zu präparieren. Ziel war es, durch Punktmutationen Cysteine an den Aminosäure-Positionen 120 und 126 von Wildtyp (wt)-BamB einzufügen, um diese später mit IAF oder IAEDANS zu markieren und für FRET-Experimente verwenden zu können.

Nach Handbuch des Herstellers ergaben sich die Parameter für die PCR-Ansätze für die Mutagenese von wt-BamB (pET22b-BamB+ss+his) mit den konstruierten Primern:

G120C-BamB-*forward*:	5' gtgtgaccgtgtctggttgccatgtctacattggcag	3'
G120C-BamB-*reverse*:	5' ctgccaatgtagacatggcaaccagacacggtcacac	3'
S126C-BamB-*forward*:	5' catgtctacattggctgcgaaaaggcgcagg	3'
S126C-BamB-*reverse*:	5' cctgcgcctttcgcagccaatgtagacatg	3'

Die Primer wurden mit Hilfe des QuikChange Primer Designs konstruiert und von Eurofins MWG Operon (Ebersberg, Deutschland) synthetisiert.

2.1.2 Transformation der mutierten DNA in den *E. coli*-Stamm BL21-DE3

Bei Nachweis der korrekten Mutation via Sequenzierung wurde die mutierte DNA in den *E. coli* Stamm BL21-DE3 transformiert, der eine Neomycin (Neo)-Resistenz besitzt. Das Plasmid pet22b (Novagen (Merck), Darmstadt, Deutschland) in das die DNA-Sequenz von BamB kloniert wurde, besitzt eine Ampicillin (Amp)-Resistenz. 100 µl der kompetenten BL21-DE3-Zellen wurden zunächst auf Eis aufgetaut, ca. 5 ng DNA hinzugefügt, vorsichtig gemischt und für 30 min auf Eis inkubiert. Der anschließende Hitzeschock fand bei 42 °C für 2 min statt und der Ansatz wurde für 5 min auf Eis gekühlt. 950 µl LB-Medium wurden zugefügt und der Ansatz bei 37 °C für 1 h unter schütteln (300 rpm) inkubiert. Auf LB-Agarplatten, mit entsprechenden Antibiotika, wurden 100 µl des Ansatzes ausplattiert und über Nacht bei 37 °C bebrütet.

2.2 Reinigung von BamB aus *E. coli*

2.2.1 Expression und Extraktion

Die Entwicklung einer Methode zur Reinigung von BamB war Inhalt der Bachelorarbeit von Sonja Hartinger (2014). Das Verfahren ist in den folgenden Abschnitten beschrieben.

Zunächst wurden 50 ml LB-Medium (0,5 % Hefeextrakt, 1 % Trypton/Pepton, 1 % NaCl) autoklaviert (120 °C, 20 min), nach Abkühlen mit Amp (100 µg/ml) versetzt, anschließend mit dem E. coli-Stamm PC2889-pET22b-Yfgl+ss+his (Glycerol-Stock) angeimpft und über Nacht bei 37 °C und 200 rpm inkubiert. Im Verhältnis 1:40 wurden 2 x 1 L LB$_{Amp}$-Medien mit der Übernacht-Kultur angeimpft und unter den vorigen Bedingungen weiter inkubiert bis eine OD$_{600}$ von ca. 0,6 erreicht wurde. Die Proteinexpression wurde durch die Zugabe von 1 mM IPTG induziert und die Kultur für ca. 4 h bei 37 °C und 200 rpm inkubiert. Jeweils vor und nach Induktion mit IPTG wurden Proben zur weiteren Analyse auf einem SDS-Gel gesichert. Nachfolgend wurde die Kultur für 20 min bei 4 °C und 6000 rpm in einer Sorvall Lynx 600 Zentrifuge (Thermoscientific, Waltham, USA) zentrifugiert, der Überstand verworfen, das Pellet in 10 ml Tris-Puffer (20 mM Tris, 2 mM EDTA, pH 8) resuspendiert und erneut zentrifugiert. Der Überstand wurde entfernt und das Pellet konnte bei -20 °C aufbewahrt werden.

Um die Zellen aufzubrechen (zu lysieren), wurde das Pellet in 50 ml Lysepuffer (20 mM Tris, 0,1 % β-Mercaptoethanol (β-ME), pH 8), versetzt mit DNase (Sigma, 1 µg/ml), RNase (Serva, 1 µg/ml), MgCl$_2$ (5 mM) und einer Protease-Inhibitor-Tablette (Roche, Rotkreuz, Schweiz), resuspendiert. Lysozym (Sigma, 25 µg/ml) wurde hinzugefügt und die Zellsuspension in einem Eisbad für 30 min rührend inkubiert. Die Zellen wurden per Ultraschall mit der Makrospitze eines Ultraschallgenerators (Branson WD 450, Heinemann, Schwäbisch Gmünd, Deutschland) für 50 min mit einer Amplitude von 15 % behandelt und das Zell-Lysat anschließend für 10 min bei 4 °C und 3000 rpm zentrifugiert (Sorvall Lynx 600), um unlösliche Zellreste zu entfernen. Der Überstand, der die löslichen Komponenten und die Membranfraktionen enthält, wurde in einer Ultrazentrifuge (Beckmann Coulter, Krefeld, Deutschland) bei 36000 rpm und 4 °C für 1 h zentrifugiert. Die ribosomalen Fragmente und löslichen Proteine wurden mit dem Überstand verworfen, das Pellet in Lysepuffer mit einem Homogenisierer gelöst und erneut bei 36000 rpm, 4 °C und 1 h zentrifugiert. In Äquilibrierungspuffer (20 mM Tris, 8 M Urea, 1 mM EDTA, 0,1 % β-ME, 5 mM Imidazol, pH 8) wurde das Pellet gelöst und bei 3000 rpm für 10 min bei RT zentrifugiert, um ungelöste Zellaggregate zu entfernen. Die Fraktion wurde bei -20 °C aufbewahrt und anschließend zur weiteren Proteinreinigung (siehe Abschnitt 2.2.2) verwendet.

2.2.2 Proteinreinigung mittels Affinitätschromatographie

Bei der Affinitätschromatographie wird das gewünschte Protein mit einer spezifischen Markierung (tag) an eine Affinitätssäule, in diesem Fall mit einem His-tag an das Affinitätsmaterial Nickel-Nitrilotriessigsäure (Ni-NTA)-Agarose, gebunden. Die Elution erfolgte durch einen Imidazol-Gradienten (5-500 mM) bei einem Gesamtvolumen von 200 ml. Zur Reinigung des Proteins wurde eine FPLC-Anlage (ÄKTAprime plus, GE Healthcare Life Sciences, Freiburg, Deutschland) verwendet. Zunächst wurde die Säule mit Äquilibrierungspuffer gewaschen, um das umgebende Milieu dem Protein anzupassen. Nach Beladung der Säule mit der Fraktion aus Abschnitt 2.2.1 wurden die ungebundenen Proteine durch Spülen mit Waschpuffer entfernt und die Elutionsproben in 5 ml Fraktionen in Reagenzgläsern aufgefangen. Per UV-Absorption bei 280 nm wurde ermittelt in welchen Fraktionen sich Protein befindet. Der Durchfluss, der Waschschritt und die Elutionsfraktionen wurden auf einem 12 %-igem SDS-Gel analysiert.

2.2.3 Entfernung von Imidazol mit Hilfe von Dialysemembranen

Nach der Analyse der Banden auf dem SDS-Gel wurden die Proben, die ähnliche Bandenmuster ergaben, jeweils zu Sammlungen zusammenfügt (*pool*). Die Dialyseschläuche (Membranen mit einem MWCO von 6000-8000 Da, SpectraPor, Los Angeles, USA) wurden für 10 min in ddH$_2$O gekocht, um die schützende Glycerin-Schicht zu entfernen. Sie wurden nach Zugabe der Probe in 500 ml Tris-Puffer (20 mM Tris, 7 M Urea, 1 mM EDTA, 0,05 % β-ME, pH 8) überführt. Die Probe wurde bei 4 °C aufbewahrt und der Puffer dreimal erneuert.

2.2.4 Konzentration des Proteins

Um die Proteinkonzentration in der Lösung zu steigern, wurde nach der Dialyse (Abschnitt 2.2.3) eine Ultrafiltration durchgeführt sofern das Volumen der Lösung > 4 ml betrug. Bei kleinerem Volumen der Lösung wurden sogenannte Zentrifugen-Konzentratoren eingesetzt. Diese sind wie Eppendorfgefäße aufgebaut, enthalten jedoch einen Zylinder mit Membranfilter (MWCO: 5000 Da, sartorius stedim BIO-TECH, Göttingen, Deutschland), der Wasser durchlässt, Moleküle mit einer Masse, die größer als der MWCO ist, aber zurückhält. Die Konzentratoren wurden zunächst mit ddH$_2$O und dann mit Tris-Puffer zentrifugiert, um das Milieu für das Protein anzugleichen. Die Proben aus den Dialysemembranen wurden in die Tubes überführt und bei 8000 rpm für 20 min bei 4 °C zentrifugiert. Die Proteine können dabei den Filter nicht passieren, wodurch die Proteinkonzentration, durch die Abnahme des Volumens der Flüssigkeit, erhöht wird. Der Durchfluss wurde jeweils in ein Falcongefäß (FG) überführt und gesichert. Dieser wurde anschließend, gemeinsam mit dem aufkonzentrierten Anteil, auf einem 12 %-igem SDS-Gel aufgetragen und analysiert. Die Proteinkonzentration von BamB wurde im Anschluss nach Lowry bestimmt (Lowry *et al.* 1951).

2.3 Kinetische Analysen zur Faltung von OmpA

2.3.1 Herstellung von unilamellaren Vesikeln

Zur Überprüfung der Faltungskinetik von OmpA in Abhängigkeit von BamA, BamB oder BamD, dem Anteil der Sekundärstrukturelemente von BamB mittels CD-Spektroskopie oder der Analyse der Protein-Lipid-Interaktionen wurden unilamellare

Vesikel aus Phospholipiden verschiedener Kettenlängen verwendet. Aufgrund der ge-wählten Vesikel-Präparationsmethode lassen sich Vesikel unterschiedlicher Größe herstellen. Man unterscheidet z. B. kleine unilamellare Vesikel (*small unilamellar vesicles*, SUVs) mit einem Durchmesser von 25-35 nm und große unilamellare Vesikel (*large unilamellar vesicles*, LUVs) mit einem Durchmesser von 100 nm.

In der vorliegenden Arbeit wurden SUVs aus den 18 C-kettigen Lipiden 1,2-dioleoyl-*sn*-glycero-3-phosphocholin (DOPC), -phosphoethanolamin (DOPE) und -phospho-glycerol (DOPG) hergestellt, während LUVs aus Phospholipiden mit Fettsäureketten einer Länge von 12 C-Atomen, nämlich 1,2-Dilauroyl-*sn*-glycero-3-phosphocholin (DLPC), -phospho-ethanolamin (DLPE) und –phosphoryl-glycerol (DLPG) präpariert wurden. Sowohl SUVs als auch LUVs wurden in verschiedenen Lipid-Zusammen-setzungen präpariert.

Zur Herstellung von SUVs wurden die Phospholipide zunächst in Puderform (Avanti Polar Lipids, Alabaster, USA) abgewogen, in einem Chloroform-Methanol-Mix (Ver-hältnis 5:1) gelöst und drehend unter Stickstoffbegasung getrocknet, so dass Lipidfil-me am Glasrand entstanden. Ferner wurden die Ansätze unter Vakuum in einem Exsikkator für 4 h getrocknet und anschließend zur Aufbewahrung mit Argon begast und bei -20 °C aufbewahrt. Die Lipidfilme wurden bei Verwendung in Glycinpuffer (10 mM Glycin, 2 mM EDTA, pH 8) hydratisiert, in einen Spitzkolben überführt und für 50 min mit der Mikrospitze des Ultraschallgerätes bei 10 % Amplitude und einem Pulszyklus von 50 % in einem Eisbad beschallt, um SUVs mit einem Durchmesser von 25-35 nm zu erhalten. Der Titan-Staub wurde durch Zentrifugation für 1 min bei 1000 rpm (Eppendorf Zentrifuge 5424 R, Hamburg, Deutschland) entfernt und der Lipidan-satz über Nacht bei 4 °C equilibriert.

Für die Präparation von LUVs wurde ein Miniextruder (Avanti Polar Lipids) ver-wendet. Um die bei der Hydratisierung der Lipide entstehenden multilamellaren Vesi-kel aufzubrechen und zu zerkleinern, wurden die gelösten Proben in flüssigem Stick-stoff eingefroren (30 s) und wieder aufgetaut (5 min, 35 °C, insgesamt sieben Durch-läufe). Die Membran des Miniextruders wurde etwas mit Puffer angefeuchtet und die Probe wurde 30 Mal durch die Poren der Polycarbonat-Membran durchgedrückt (15 *passes-through*). Es wurden Membranen mit Poren von 100 nm Durchmesser verwen-det.

2.3.2 KTSE-Assay

Die native und die ungefaltete Form von OmpA wandern in einem SDS-Polyacrylamid-Gel unterschiedlich schnell, sofern man die Proben nicht hitze-denaturiert. Dies führt zu scheinbar unterschiedlichen molekularen Massen im Ver-gleich zu den Standard-Markern. Liegt OmpA komplett gefaltet vor, so führt dies zu einer Migration entsprechend einer scheinbaren molekularen Masse von ca. 30 kDa, während ungefaltetes OmpA eine Migration entsprechend einer Molmasse von ca. 35 kDa aufweist (Schweizer *et al.* 1978.). Im Gegensatz zur stabil-gefalteten Form von OmpA, werden Faltungsintermediate des OmpA durch SDS denaturiert. Sie lassen sich daher im Gel normalerweise nicht nachweisen und migrieren als entfaltetes OmpA.

Faltungskinetiken können mit Hilfe eines Modells gut analysiert werden, das auf der Beobachtung basiert, dass der Faltungsprozess von OmpA in zwei Phasen verläuft. Diese entstehen durch zwei Varianten von wässrigen Faltungsintermediaten, IM_1 und IM_2, die in Lösung koexistieren, was mit Hilfe von Fluoreszenzmessungen gezeigt wurde (Qu et al. 2007). Diese Intermediate des OmpA falten unterschiedlich schnell, d.h. mit einer schnellen und einer langsamen Geschwindigkeitskonstante (k_f und k_s):

$$IM_1 \xrightarrow{k_f} (F-L)_f$$

$$IM_2 \xrightarrow{k_s} (F-L)_s$$

Die kinetische Analyse der Faltungsreaktionen führt zu Gleichung 2.1, die den Stoffmengenanteil der gefalteten Form als Funktion der Zeit beschreibt:

$$X_{FP}(t) = 1 - \left[A_f \exp(-k_f t) + (1 - A_f) \exp(-k_s t)\right] \tag{2.1}$$

Dabei repräsentiert X_{FP} den Stoffmengenanteil des gefalteten OmpA zum Zeitpunkt t und A_f entspricht dem Anteil des schnellen Faltungsprozesses am letzten Faltungsschritt des OmpA. Wenn k_s gegen Null strebt ($k_s \rightarrow 0$), so existiert nur die schnelle Phase, so dass die Faltungskinetik durch die Gleichung 2.2 beschrieben werden kann.

$$X_{FP}(t) = A_f[1 - \exp(-k_f t)] \tag{2.2}$$

In diesem Fall würde A_f der zu erwartenden Ausbeute an gefalteten OmpA für $t \rightarrow \infty$ entsprechen (Patel et al. 2009).

In den hier durchgeführten kinetischen Experimenten betrug das Ansatzvolumen 200 µl, bestehend aus 5 µM OmpA, harnstofffreiem Glycinpuffer und den SUVs oder LUVs im 200-fachen Überschuss zu OmpA, so dass die Harnstoffkonzentration unter 0,5 M lag. Wurde die Rückfaltung in Abhängigkeit von BamA, BamB oder BamD analysiert, wurden 10 µM des jeweiligen Proteins dem Ansatz hinzugefügt und mit harnstofffreiem Glycinpuffer auf 200 µl aufgefüllt. BamA, BamB oder BamD wurden jeweils für 30 min bei RT vorinkubiert, damit die Proteine sich an die Membran anlagern konnten. Das Faltungsexperiment wurde durch die Zugabe von OmpA initiiert. Die OmpA-Proben wurden anschließend bei verschiedenen Temperaturen

(10 °C bis 45 °C) und 450 rpm inkubiert und zu festgelegten Zeitpunkten (4, 8, 16, 30, 60, 120, 180 und 240 min) wurden Proben entnommen. Nachfolgend wurden 16 µl Probe in 4 µl vorgelegten 5x SDS-Probenpuffer (10 % SDS, 50 % Glycerin, 10 % β-ME, 0,1 % Bromphenolblau, pH 6,8) überführt und auf einem 12 %- bzw. 15 %-igem SDS-Gel analysiert.

Der prozentuale Anteil an gefaltetem und ungefaltetem OmpA, gemessen an der Protein-färbung durch *Coomassie brilliant blue*, wurde mit ImageJ 1.46r ausgewertet und mit Igor Pro 6.34 graphisch dargestellt (Kleinschmidt 2003).

2.3.3 Sekundärstrukturanalysen mit CD-Spektroskopie

Für die Messung wurde 12-15 µM dialysiertes BamB (5 mM HEPES-Puffer, pH 7) verwendet. Weitere Analysen erfolgten mit den entsprechenden Lipiden im 200-fachen Überschuss bzw. LDAO im 1000-fachen Überschuss zu BamB. Das Ansatzvolumen betrug 120 µl und für die Messung wurden 0,5 mm Quarzküvetten (Hellma QS, Müllheim, Deutschland) verwendet. Die CD-Spektren wurden in einem Bereich von 180-260 nm, einer Scangeschwindigkeit von 50 nm/min, einer Bandbreite von 1 nm und einer Integrationszeit von 1 s bei RT erfasst (JASCO J-815 CD-Spektrometer). Als Hintergrund diente HEPES-Puffer, der gegebenenfalls mit dem entsprechenden molaren Überschuss an Lipid versetzt wurde. Das Hintergrundspektrum wurde von der finalen Messung subtrahiert. Pro Ansatz wurden 6 Messungen gemittelt.

Das vermessene Spektrum wurde im Weiteren normalisiert, um die mittlere molare Elliptizität pro Rest, $[\theta](\lambda)$, in der Einheit Grad cm^2 $dmol^{-1}$ nach Gleichung 2.3 zu erhalten

$$[\theta](\lambda) = 100 \cdot \theta(\lambda) / (l \cdot c \cdot n) \tag{2.3}$$

$\theta(\lambda)$ stellt die gemessene Elliptizität als Funktion der Wellenlänge λ dar. l ist als die Länge der Küvette in cm definiert, während c die Konzentration in mol/l und n die Anzahl der Aminosäuren des Proteins angibt.

Die normalisierten CD-Spektren wurden mit dem frei verfügbaren Onlineserver DichroWeb (Lobley *et al.*, 2002, Whitmore *et al.* 2004) ausgewertet. Mittels verschiedener Referenzdaten (Datenset 4 und 7) und Algorithmen kann die Sekundärstruktur des Proteins ermittelt werden, indem die CD-Spektren des unbekannten Proteins mit einer Datenbank von Proteinen bekannter Konformationen verglichen werden. Verwendet wurden die Analyseprogramme SELCON3 (Sreerema und Woody 1993), CDSSTR (Compton und Johnson 1986) und CONTIN (Provencher und Glöckner 1981).

2.3.4 Lipid/Protein-Interaktionsanalysen mittels Fluoreszenz-Spektroskopie

Die Fluoreszenzintensität von BamB wird in Abhängigkeit verschiedener molarer Mengen und Zusammensetzungen von Lipiden detektiert, um die Lipid/Protein-

Stöchiometrie in Lösung zu ermitteln. Bei einer Wellenlänge von $\lambda = 330$ nm kann der Anteil von gebundenem und freien, ungebundenem BamB an der Gesamtfluoreszenz, $F_{330\,nm}$, nach Gleichung 2.4 beschrieben werden.

$$F_{330\,nm} = f_b[P_B] + f_f[P_F] \quad\quad (2.4)$$

wobei P_B und P_F die jeweiligen Konzentrationen des gebundenen und des freien Proteins sind, die sich zur gesamten Proteinkonzentration P_T addieren. f_b bzw. f_f beschreiben die Fluoreszenzkoeffizienten der gebundenen bzw. der freien beiden Form des Proteins.

Die Anzahl der Bindungsstellen n kann mit der Gleichung 2.5 bestimmt werden, die sich aus dem Massenwirkungsgesetz für die Bindungsreaktion des Proteins an Lipidmembranen herleiten lässt.

$$[P_B] = \frac{1}{2}\left\{ \frac{1}{K_a} + L_T + n[P_T] - \left[\left(\frac{1}{K_a} + [L_T] + n[P_T] \right)^2 - 4n[P_T] \right]^{\frac{1}{2}} \right\} \quad\quad (2.5)$$

Mit einbezogen sind dabei die Lipidkonzentration L_T und die Assoziationskonstante K_a. Anschließend kann die gemessene Intensität der Fluoreszenzemission ($F_{330\,nm}$) als Funktion des Lipid/Protein-Verhältnisses geplottet werden (Qu *et al.* 2007).

Für die Messungen wurden zunächst jeweils 0,33 μM BamB mit verschiedenen molaren Überschüssen an Lipid in einem Gesamtvolumen von 1 ml Glycinpuffer angesetzt. Diese Proben wurden in 10 mm x 4 mm Quarzküvetten (Hellma QS, Müllheim, Deutschland) überführt und die Fluoreszenzspektren der Proben mit einem Spex Fluorolog-3 Spektralfluorimeter mit Einzel-Photonenzählung (Horiba Scientific, München, Deutschland) und Doppelmonochromatoren in Anregungs- und Emissionsstrahlengang gemessen. Die Tryptophan-Reste von BamB wurden dazu bei einer Wellenlänge von 295 nm angeregt und die Trp-Fluoreszenzspektren in einem Wellenlängenbereich von 310 bis 400 nm in 0,5 nm Intervallen mit einer Integrationszeit von 0,05 s ermittelt. Zunächst wurde das Hintergrundspektrum ohne BamB aus drei gemittelten Spektren erfasst und im Weiteren von der finalen Messung nach Zugabe von BamB (sechs gemittelte Messungen) subtrahiert.

3. Ergebnisse

Der Multiproteinkomplex BAM reguliert die Assemblierung und Insertion von OMPs in die OM von Gram-negativen Bakterien und besteht aus dem Transmembranprotein BamA und den vier Lipoproteinen BamB, C, D und E (Wu *et al.* 2005). Eine nähere Charakterisierung des Lipoproteins BamB, dessen Funktion und Einfluss auf die Faltungskinetik von OmpA und weitere molekulare Wechselwirkungen mit anderen Proteinen oder der Lipidmembran wurden in dieser Arbeit beschrieben.

3.1 Erfolgreiche Mutagenese von zwei BamB-Mutanten

Für Interaktionsstudien mit anderen Komponenten des BAM-Komplexes, Chaperonen oder der Lipidmembran wurden zwei einzelne Cystein-Mutanten von BamB für zukünftige Studien konstruiert. Mit Hilfe von zielgerichteter Mutagenese (Details Abschnitt 2.1.1) wurden im Expressionsplasmid ein Codon für ein Glycin (G) an Position 120, sowie ein Codon für ein Serin (S) an Position 126 jeweils in ein Codon für ein Cystein (C) mutiert (Abb. 3.1, C). Diese Mutanten werden im Weiteren als G120C und S126C bezeichnet. Die erzeugten DNA-Plasmide zur Expression der Mutanten von BamB wurden per Sequenzierung auf ihre Richtigkeit geprüft. Beide Mutationen liegen innerhalb eines Flügels der charakteristischen Propellerstruktur, die aus je vier antiparallelen β-Faltblättern aufgebaut ist (Abb. 3.1, A u. B).

BamB besitzt eine molare Masse von ca. 42 kDa, die sich aus 392 Aminosäuren zusammensetzt (ohne His-*tag*, Abb. 3.1, C). Außer in der Signalsequenz, die vermutlich nach korrekter Lokalisation des Proteins im Periplasma durch eine Leader-Peptidase abgespalten wird, befindet sich kein weiteres Cystein in BamB (Abb. 3.1, C). Dies ist ein Vorteil bezüglich der weiteren Markierung mit dem Fluorescein-Derivat 5-Iodoacetamidofluorescein (5-IAF). 5-IAF beinhaltet eine Iodoacetamido-Gruppe die, nach Reduktion der Disulfidbrücken mit TCEP, mit der Sulhydryl-Gruppe des Cysteins interagiert (Gorman 1987). Dies resultiert in einer stabilen Thioether-bindung. 5-IAF ist bei einer spezifischen Wellenlänge von 490 nm anregbar und kann bei FRET-Experimenten als Akzeptormolekül verwendet werden. Mittels FRET können Interaktionen zwischen Proteinen, und sowohl intra- also auch intermolekulare Abstände zwischen Aminosäuren, untersucht werden. Einzelne Tryptophan-Mutanten innerhalb des vermuteten Interaktionspartners dienen dabei als Donor. Folglich können Aussagen über die konkrete Assoziation mit dem entsprechenden Partner getroffen werden, da die exakte Lage des Cysteins und Tryptophans im Protein bekannt ist. Die konstruierten Mutanten konnten innerhalb dieser Arbeit für weitere Untersuchungen bezüglich Protein- bzw. Lipidinteraktionen aus Zeitgründen nicht verwendet werden. Beide Mutanten eignen sich für zukünftige Studien.

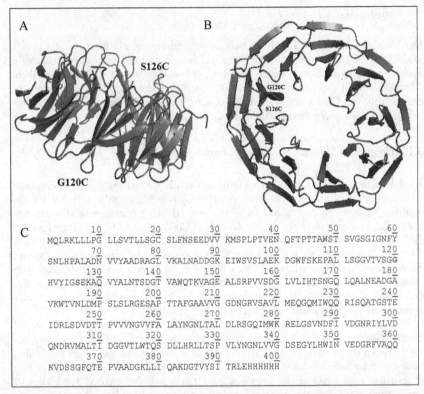

A   B

S126C

G120C
S126C

G120C

C
```
        10         20         30         40         50         60
   MQLRKLLLPG LLSVTLLSGC SLFNSEEDVV KMSPLPTVEN QFTPTTAWST SVGSGIGNFY
        70         80         90        100        110        120
   SNLHPALADN VVYAADRAGL VKALNADDGK EIWSVSLAEK DGWFSKEPAL LSGGVTVSGG
       130        140        150        160        170        180
   HVYIGSEKAQ VYALNTSDGT VAWQTKVAGE ALSRPVVSDG LVLIHTSNGQ LQALNEADGA
       190        200        210        220        230        240
   VKWTVNLDMP SLSLRGESAP TTAFGAAVVG GDNGRVSAVL MEQGQMIWQQ RISQATGSTE
       250        260        270        280        290        300
   IDRLSDVDTT PVVVNGVVFA LAYNGNLTAL DLRSGQIMWK RELGSVNDFI VDGNRIYLVD
       310        320        330        340        350        360
   QNDRVMALTI DGGVTLWTQS DLLHRLLTSP VLYNGNLVVG DSEGYLHWIN VEDGRFVAQQ
       370        380        390        400
   KVDSSGFQTE PVAADGKLLI QAKDGTVYSI TRLEHHHHHH
```

Abb. 3.1 Position der Cystein-Mutationen G120C-BamB und S126C-BamB im Protein. A und B) Die Mutationen G120C und S126C (rot) befinden sich innerhalb eines Flügels der BamB Propellerstruktur (grün) direkt gegenüber. Dargestellt ist eine Seitenansicht (**A**) und eine Aufsicht (**B**) des Proteins. Die Sekundärstruktur wurde mit der Grafiksoftware PyMol in 3D nach der PDB-Struktur 2YMS (Albrecht und Zeth, unveröffentlicht) dargestellt. **C**) Innerhalb der kompletten Aminosäuresequenz von BamB mit 392 Resten + His-*tag* sind die beiden einzelnen Mutationen G120C und S126C in rot markiert.

3.2 Expression und Reinigung von BamB und BamD aus *E. coli*

Um den Effekt von Wildtyp (wt)-BamB und -BamD auf die Faltungseffizienz von OmpA *in vitro* zu untersuchen und um BamB näher zu charakterisieren, wurden beide Lipoproteine zunächst aus *E. coli* isoliert. Beide Proteine unterscheiden sich deutlich in ihrer Molmasse. BamB besitzt eine molare Masse von ca. 42 kDa, während BamD, als kleineres Lipoprotein, eine Größe von ca. 28 kDa aufweist. BamB wurde wie beschrieben (Abschnitt 2.2) exprimiert und extrahiert, während BamD nach einem ähnlichen Protokoll (Sharma, Dissertation 2014) ebenfalls mittels His-*tag*-Affinitätschromatographie isoliert wurde. Sowohl BamB als auch BamD konnten durch die Zugabe von IPTG in *E. coli* erfolgreich überexprimiert werden (Abb. 3.2). Folglich wurden die exprimierten Zellen für den weiteren Extraktionsschritt verwendet (siehe Abschnitt 2.2.1).

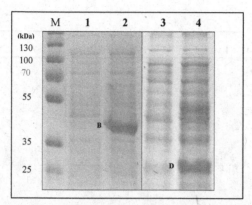

Abb. 3.2 Erfolgreiche Proteinexpression von BamB und BamD nach Zugabe von IPTG. Die Proteinexpression wurde durch 1 mM IPTG über 4 h initiiert und auf einem 12 % igem SDS-Gel analysiert. Dargestellt ist der Proteinmarker (M, Protein Ladder Prestained Plus, Thermoscientific, Waltham, USA), BamB (ca. 42 kDa, mit B markiert) vor Expression (1), nach Expression (2) und BamD (ca. 27 kDa, mit D markiert) vor Expression (3) und nach Expression (4) mit IPTG.

Da das Hauptaugenmerk auf der Charakterisierung von BamB lag, wurde im Folgenden lediglich auf die Extraktion und Isolierung von BamB eingegangen. Beide Schritte sind allerdings mit der Isolierung von BamD und den Mutanten G120C-BamB und S126C-BamB vergleichbar.

Im Verlauf der Proteinextraktion wurden mehrere Proben entnommen und auf einem 12 %-igem SDS-Gel analysiert (Abb. 3.3). Diese Analyse sollte veranschaulichen in welchem Extraktionsschritt BamB enthalten ist, um einen möglichen Verlust des Proteins identifizieren zu können. Sowohl das gelöste Pellet vor der Zelllyse (Probe 1) als auch der Überstand nach der Zelllyse (Probe 2) beinhalteten alle *E. coli* Proteine, inklusive BamB (siehe Abb. 3.3, schwarzer Pfeil). Aufgrund eines Zentrifugationsschrittes enthielt Probe 3 die unlysierten Zellreste aus dem Pellet, die im Weiteren verworfen wurden. Erkennbar ist, dass bei diesem Schritt etwas BamB verloren ging. Der Überstand (Probe 2), der die löslichen Komponenten und die Membranfraktionen enthielt, wurde mit einer Ultrazentrifuge behandelt, um die löslichen Proteine von den Membranproteinen bzw. mit der Membran assoziierten Proteinen zu trennen. Folglich erhielt man die Proben 4 und 5, die zum einen aus dem Überstand (Probe 4) und zum anderen aus dem Pellet (Probe 5) nach der Zentrifugation bestanden. Das mit der Membran assoziierte Protein BamB befand sich demnach im Pellet (Probe 5), was sich auch nach einer weiteren Zentrifugation mit der Ultrazentrifuge nicht änderte (Proben

6 und 7). Das Pellet (Probe 7) wurde anschließend in Äquilibrierungspuffer gelöst. Der im Puffer enthaltene 8 M Harnstoff entfaltete das Protein, so dass es sich nach dem nächsten Zentrifugationsschritt, gemeinsam mit anderen unlöslichen Proteinen, im Überstand befand (Probe 8).

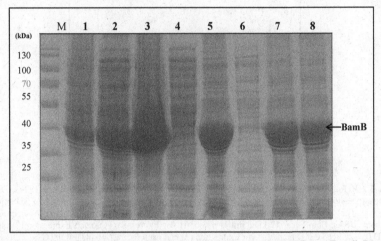

Abb. 3.3 Verschiedene Schritte der Extraktion zur Isolierung von BamB aus *E. coli.* BamB, dessen Verlauf bzw. Migration durch einen schwarzen Pfeil dargestellt ist, hat eine Molmasse von ca. 42 kDa und wurde nach dem in Abschnitt 2.2.1 beschriebenen Protokoll aus *E. coli* PC2889 extrahiert. Mittels entnommener Proben konnte die Gegenwart von BamB in den im Verlauf der Extraktion erhaltenen Fraktionen (Pellet bzw. Überstand) identifiziert werden. Zum Nachweis des BamB wurde dabei ein 12 %rigen SDS-Polyacrylamid-Gel verwendet. Die Spuren des Gels enthalten: M = Proteinmarker (Protein Ladder Prestained, Thermoscientific, Waltham, USA), 1 = Zellsuspension vor Zelllyse, 2 = gewonnene Proteine nach Zelllyse (Überstand), 3 = gewonnene Proteine nach Zelllyse (Pellet), 4 = Überstand nach Ultrazentrifugation, 5 = Pellet nach Ultrazentrifugation, 6 = Überstand nach 2. Ultrazentrifugation, 7 = Pellet nach 2. Ultrazentrifugation,   8 = Überstand nach letzter Zentrifugation.

Die Reinigung von BamB mit C-terminalem His-*tag*, im Weiteren als BamB+His bezeichnet, wurde mit dem Überstand aus Probe 8 via Affinitätschromatographie fortgeführt. In Abb. 3.4 sind die einzelnen Reinigungsschritte aufgeführt. BamB+His wurde spezifisch an die Ni-NTA-Säule gebunden. Beim Beladen der Ni-NTA-Säule (Probe 1) wurde deutlich, dass die gesamte Menge an BamB+His nicht von der Säule gebunden werden konnte. Demnach wurde BamB in hohem Maße exprimiert, so dass die Ni-NTA-Säule mit Protein überladen wurde. Darüber hinaus ging im Waschschritt (Probe 2) einiges an BamB+His verloren. Die Elutionen (Proben 3-7) wurden zusammengeführt (*pool*, Probe 8), in Tris-Puffer dialysiert (Abschnitt 2.2.3), aufkonzentriert (Abschnitt 2.2.4) und die Proteinkonzentration nach Lowry (Lowry *et al.* 1951) bestimmt.

BamB wurde im entfalteten Zustand in 8 M Harnstoff gereinigt. Aus vier Litern Zell-kultur konnten ca. 40 mg Protein gewonnen werden. Zur Optimierung der Ausbeute könnte eine Säule mit höherer Kapazität verwendet werden, so dass der Verlust an un-gebundenem BamB reduziert wird.

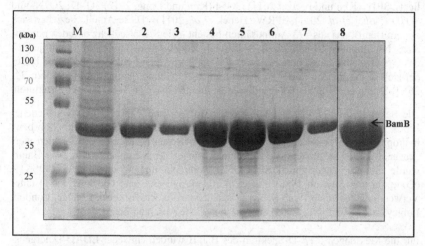

Abb. 3.4 Reinigung von BamB+His mittels Affinitätschromatographie. BamB+His, dessen Mig-ration durch einen schwarzen Pfeil markiert ist, wurde spezifisch an eine Ni-NTA-Säule gebunden. Aufgeführt ist der Marker (M, Protein Ladder Prestained Plus, Thermoscientific, Waltham, USA), der Durchfluss nach Beladen der Säule (1), der Waschschritt (2), die Elutionen (3-7) und der *pool* aus den Elutionen (8). Die Proben wurden auf einem 12 %-igem SDS-Polyacrylamid-Gel analysiert.

3.3 Sekundärstrukturanalysen von BamB mittels CD-Spektroskopie

Nach erfolgreicher Reinigung von wt-BamB und den Mutanten G120C-BamB und S126C-BamB aus *E. coli* (siehe Abschnitt 3.2) wurde die Sekundärstruktur der Protei-ne in Lösung mittels CD studiert. Dadurch konnte eine mögliche inkorrekte oder un-vollständige Faltung der Proteine ausgeschlossen werden.

Agenzien oder Puffer-Ionen können das CD-Spektrum negativ beeinflussen und das Hintergrundrauschen enorm erhöhen (Kelly *et al.* 2005). Zusätzlich ist es notwendig die Harnstoffkonzentration zu minimieren, damit BamB seine native Struktur einneh-men kann. BamB wurde im entfalteten Zustand in 8 M Harnstoff isoliert. Aus diesem Grund wurde das Protein in HEPES-Puffer (5 mM HEPES, pH 7) dialysiert (Methode analog zu Abschnitt 2.2.2), um jeglichen Harnstoff auf ein Minimum zu reduzieren. Im Folgenden wurde die Sekundärstruktur von wt-BamB und den BamB-Cystein-Mutanten G120C-BamB und S126C-BamB untersucht.

3.3.1 Hydrophile und hydrophobe Einflüsse auf die Faltung von wt-BamB

Nach Kristallstrukturanalysen besitzt BamB aus *E. coli* eine Sekundärstruktur aus ca. 1 % α-Helix, ca. 49 % β-Strang, ca. 9 % β-Schleifen und ca. 41 % *random coil* (PDB-Struktur: 2YH3 (Albrecht und Zeth 2011), 2YMS (Albrecht und Zeth, unveröffentlicht), 3P1L (Kim und Paetzel 2011), 3Q54 (Kim und Dong, 2012) 3QM7, 2Q7N, und 3Q7O (Nonaj *et al.* 2011), 3PRW (Heuck *et al.* 2011)). Diese Anteile beziehen sich auf ein BamB, das aus 373 Aminosäuren besteht - die Signalsequenz und den potentiellen N-terminalen N-palmitoyl, S-diacylglyceryl-Cystein-Lipidanker (nicht jedoch das Cystein selbst) ausgenommen. Der geringe Anteil an α-helikalen Strukturen befindet sich direkt im Anschluss an die vermutete Lipidmodifikation (Aminosäuren 22-26). β-Strang und β-Schleifen resultieren zusammen in ca. 58 % β-Faltblatt-Strukturen.

Die Sekundärstruktur wurde im Folgenden in An- und Abwesenheit verschiedener Lipide analysiert. Eine mögliche Abhängigkeit von der Umgebung (hydrophob bzw. hydrophil) und Elektrostatische Anziehungen zwischen BamB und den Lipiden wurden analysiert. Die prozentuale Zusammensetzung der Sekundärstruktur von BamB wurde mit den Algorithmen SELCON3 (Sreerema und Woody 1993), CDSSTR (Compton und Johnson 1986) und CONTIN (Provencher und Glöckner 1981) unter Verwendung des DichroWeb-Servers (Wallace laboratory, Birkbeck College, London, Lobley, 2002, Whitmore, 2004) ausgewertet (siehe Abschnitt 2.3.3).

Für die Messungen der CD-Spektren des BamB wurden entweder LDAO-Detergens-micellen im 1000-fachen Überschuss LDAO/BamB oder Lipid-Doppelschichten im 200-fachen Überschuss von Lipid zu BamB hinzugefügt. Die CD-Spektren wurden nach einer Inkubationszeit von 24 h aufgezeichnet.

Das CD-Spektrum zeigte eine Linienform, die für Proteine charakteristisch ist, die hauptsächlich aus β-Faltblatt-Strukturen bestehen. Die ermittelten Spektren zeigen ein Minimum zwischen 205 und 215 nm und ein Maximum bei ca. 190 nm (Abb. 3.5).

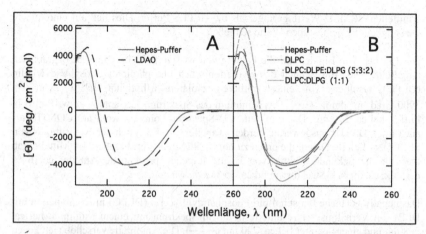

Abb. 3.5 CD-Spektren von wt-BamB in HEPES-Puffer, LDAO und verschiedenen Lipiden. Die mittlere molare Elliptizität pro Aminosäurerest $[\theta](\lambda)$ wurde gegen die Wellenlänge λ geplottet. Eine Konzentration von 12 µM wt-BamB wurde in 140 µl-Ansätzen bei RT vermessen und nach Gleichung 2.3 normiert. **A)** CD-Spektrum von wt-BamB in HEPES-Puffer (5 mM HEPES, pH 7) und in Anwesenheit des zwitterionischen Detergenz LDAO (12 mM). **B)** Einfluss verschiedener Lipide (2,4 mM) auf die Faltung von wt-BamB in HEPES-Puffer bei pH 7.

In Abwesenheit von Detergenzien oder Lipiden zeigte BamB (—) ein leicht verschobenes Minimum bei ca. 210 nm mit einer mittleren molaren Elliptizität $[\theta](\lambda)$ von ca. 4000 Grad cm^2 dmol^{-1} (Abb. 3.5, A). Der SELCON3-Algorithmus lieferte Daten mit einer normierten mittleren Quadratwurzelabweichung (engl. *normalized root mean square deviation*, NRMSD) von ca. 0,5 (Tabelle 3.1). Der NRMSD gibt die Abweichung zwischen einem aus Referenzspektren von anderen Proteinen berechneten Spektrum und dem tatsächlich gemessenem Spektrum an und sollte für eine hinreichend genaue Analyse < 0,25 sein. Die mit dem SELCON3-Algorithmus berechneten Anteile der Sekundärstruktur-elemente waren demnach zu ungenau und wurden bei Bestimmung des Mittelwertes nicht berücksichtigt. Die Anwendung der Algorithmen CONTIN und CDSSTR lieferte konsistentere Resultate. BamB hatte eine Sekundärstruktur, die nach Mittelwertbildung aus ca. 6 % α-Helix, 37 % β-Faltblatt, 21 % β-Schleifen und 36 % *random coil* bestand (Tabelle 3.1).

Bereits optisch war zu erkennen, dass die Anwesenheit von LDAO das Minimum des CD-Spektrums von BamB nach ca. 214 nm und das Maximum nach ca. 191 nm verlagert (— —). Dieses Ergebnis näherte sich dem idealen Spektrum an, führte aber letztlich zu vergleichbaren Sekundärstrukturanteilen wie in HEPES-Puffer (Tabelle 3.1). SELCON3 konnte erneut nicht verwendet werden, allerdings waren alle ermittelten NRMSD-Werte geringer als bei HEPES-Puffer. Dies ließ auf eine höhere Genauigkeit der gemessenen Werte schließen.

Der Einfluss von Lipiden auf die Faltung von wt-BamB ist in Abb. 3.5, B graphisch aufgeführt. Die Anwesenheit des zwitterionischen Phospholipids Phosphatidylcholin (DLPC) resultierte in einer mittleren molaren Elliptizität $[\theta](\lambda)$ von ca. 3900 Grad cm^2 dmol^{-1} (····). Das Minimum des Spektrums lag, analog zu wt-BamB in Puffer, bei ca. 210 nm. Das ermittelte CD-Spektrum konnte sowohl mit CONTIN als auch mit CDSSTR ausgewertet werden (Tabelle 3.1). Lediglich der Algorithmus von SELCON3 lieferte Daten, die einen zu hohen NRMSD-Wert besaßen. Im Mittel ergab dies für die Sekundärstruktur von BamB folgende prozentuale Anteile: ca. 6 % α-Helix, ca. 59 % β-Strukturen und ca. 35 % *random coil*.

Das negativ geladene Phospholipid Phosphatidylglycerin (DLPG) in Kombination mit DLPC im Verhältnis 1:1 resultierte in einem Spektrum mit einem Minimum bei ca. 208 nm und einer Schulter bei ca. 220 nm (— - —). Die Amplitude verschob sich gegen ca. 4600 Grad cm^2 dmol^{-1}. Das Spektrum war mit allen Analyseprogrammen auswertbar und hatte im Mittel eine Sekundärstruktur von ca. 9 % α-Helix, ca. 53 % β-Strukturen und ca. 33 % *random coil* (Tabelle 3.1). Im Unterschied zur nativen Struktur führte die Gegenwart von DLPC:DLPG zu einem reduzierten β-Strukturanteil um 5 %.

Wurde das zwitterionische Phospholipid Phosphatidylethanolamin (DLPE) zu DLPC und DLPG hinzugefügt, hatte dies ein CD-Spektrum zur Folge, dass sich mit dem von wt-BamB in Puffer fast exakt überlappte (— —). Diese Lipidzusammensetzung mit dem Verhältnis 5:3:2 wurde auch für die kinetischen Faltungsstudien verwendet (Abschnitt 3.4). Die Daten von SELCON3 waren nicht verwendbar, während die Resultate aus CONTIN und CDSSTR zu einem gemittelten Ergebnis von ca. 6 % α-Helix, ca. 57 % β-Strukturen und ca. 36 % *random coil* führten.

Tabelle 3.1 Ermittelte Sekundärstrukturanteile von wt-BamB bezüglich der CD-Spektren aus Abb. 3.5

Proteinprobe	Algorithmen	Set	α-Helix (%)	β-Faltblatt (%)	β-Schleife (%)	random coil (%)	NRMSD
BamB wt, HEPES	SELCON3	4	*14*	*44*	*15*	*25*	*0,542*
	SELCON3	7	*14*	*45*	*15*	*27*	*0,525*
	CONTIN	4	8	40	20	33	0,242
	CONTIN	7	4	38	20	38	0,242
	CDSSTR	4	7	35	23	33	0,030
	CDSSTR	7	4	35	19	42	0,031
	Mittelwert		6	37	21	36	
BamB wt, LDAO	SELCON3	4	*14*	*40*	*14*	*20*	*0,291*
	SELCON3	7	*14*	*40*	*14*	*20*	*0,291*
	CONTIN	4	9	38	21	32	0,100
	CONTIN	7	7	36	20	37	0,100
	CDSSTR	4	9	33 ,	23	34	0,013
	CDSSTR	7	5	38	20	36	0,018
	Mittelwert		8	36	21	35	
BamB wt, DLPC	SELCON3	4	*21*	*39*	*17*	*24*	*0,699*
	SELCON3	7	*8*	*45*	*17*	*31*	*0,587*
	CONTIN	4	7	39	12	32	0,240
	CONTIN	7	5	36	19	37	0,240
	CDSSTR	4	7	45	24	32	0,035
	CDSSTR	7	3	36	19	40	0,034
	Mittelwert		6	39	19	35	
BamB wt, DLPC/PG	SELCON3	4	9	33	18	26	0,160
	SELCON3	7	9	33	18	26	0,159
	CONTIN	4	11	36	21	32	0,130
	CONTIN	7	9	32	20	40	0,130
	CDSSTR	4	10	32	24	34	0,010
	CDSSTR	7	6	33	20	39	0,024
	Mittelwert		9	33	20	33	
BamB wt, DLPCPEPG	SELCON3	4	*14*	*45*	*16*	*25*	*0,504*
	SELCON3	7	*11*	*47*	*14*	*32*	*0,490*
	CONTIN	4	8	39	20	33	0,145
	CONTIN	7	5	36	20	38	0,145
	CDSSTR	4	8	35	24	33	0,031
	CDSSTR	7	3	35	20	40	0,028
	Mittelwert		6	36	21	36	

Die normalisierten CD-Spektren wurden mit den Analyseprogrammen SELCON3 (Sreerema und Woody 1993), CDSSTR (Compton und Johnson 1986) und CONTIN (Provencher und Glöckner 1981), bereitgestellt von DichroWeb (Lobley *et al.* 2002, Whitmore *et al.* 2004), mit den Referenzdatensets 4 und 7 ausgewertet. Der NRMSD-Wert *(normalized root mean square deviation)* sollte < 0,25 liegen. Werte oberhalb sind kursiv dargestellt und wurden in die Berechnung des Mittelwertes nicht mit einbezogen.

3.3.2 Analysen zur Sekundärstruktur der BamB-Mutanten G120C und S126C

Auf Grundlage des Expressionsplasmids von wt-BamB wurden zwei einzelne Cystein-Mutanten mit zielgerichteter Mutagenese konstruiert (Abschnitt 3.1), deren Zweck

darin bestand, mögliche Lipid- bzw. Protein-Interaktionen zu studieren. Um zu gewährleisten, dass die Mutationen nicht in einer veränderten oder inkompletten Sekundärstruktur des Proteins resultierten, wurde diese mit CD analysiert. Die Messung der
Spektren wurde Analog zu Abschnitt 3.3.1 in HEPES-Puffer bei pH 7 und einem
1000-fachen Überschuss an LDAO durchgeführt.

In hydrophiler Umgebung lag bei beiden Mutanten ein um 3 % reduzierter Anteil an β-
Strukturen vor (Abb. 3.6).

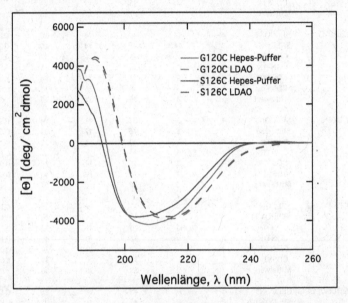

Abb. 3.6 CD-Spektrum der BamB-Mutanten G120C und S126C in HEPES-Puffer und LDAO.
Die mittlere molare Elliptizität pro Rest $[\Theta](\lambda)$ wurde gegen die Wellenlänge λ geplottet. Eine Konzentration von 12 µM BamB wurde in 140 µl-Ansätzen bei RT in Anwesenheit von HEPES-Puffer (5
mM HEPES, pH 7) und dem zwitterionischen Detergenz LDAO (12 mM) vermessen und nach Gleichung 2.3 normiert.

Das Minimum des CD-Spektrums von S126C lag bei ca. 201 nm mit einer mittleren
molaren Elliptizität $[\Theta](\lambda)$ von ca. 3900 Grad cm² dmol⁻¹. Die gemittelten Werte aus
CONTIN und CDSSTR ergaben ca. 4 % α-Helix, ca. 55 % β-Strukturen und ca. 40 %
random coil (Tabelle 3.2). Leicht verschoben war das Minimum von G120C bei
ca. 208 nm. Die Amplitude lag zudem bei ca. 4100 Grad cm² dmol⁻¹, was bei der
Auswertung dem identischen Anteil an β-Strukturen entsprach (55 %). Der prozentuale Anteil an β-Strukturen war folglich für beide Mutanten in HEPES-Puffer gleich.

Tabelle 3.2 Ermittelte Sekundärstrukturanteile von G120C-BamB und S126C-BamB bezüglich der CD-Spektren aus Abb. 3.6

Proteinprobe	Algorithmen	Set	α-Helix (%)	β-Faltblatt (%)	β-Schleife (%)	random coil (%)	NRMSD
G120C, HEPES	SELCON3	4	*11*	*42*	*17*	*28*	*0,643*
	SELCON3	7	*8*	*47*	*19*	*29*	*0,724*
	CONTIN	4	9	35	22	34	0,116
	CONTIN	7	8	34	20	39	0,116
	CDSSTR	4	7	35	23	33	0,032
	CDSSTR	7	3	32	19	45	0,029
	Mittelwert		**7**	**34**	**21**	**38**	
G120C, LDAO	SELCON3	4	-	-	-	-	-
	SELCON3	7	-	-	-	-	-
	CONTIN	4	8	39	21	31	0,199
	CONTIN	7	6	37	20	37	0,199
	CDSSTR	4	7	36	22	34	0,014
	CDSSTR	7	4	36	19	40	0,023
	Mittelwert		**6**	**37**	**21**	**36**	
S126C, Hepes	SELCON3	4					
	SELCON3	7	*3*	*44*	*19*	*26*	*0,799*
	CONTIN	4	6	40	21	33	0,124
	CONTIN	7	4	36	19	41	0,124
	CDSSTR	4	6	36	23	34	0,032
	CDSSTR	7	3	33	17	46	0,030
	Mittelwert		**4**	**35**	**20**	**40**	
S126C, LDAO	SELCON3	4	-	-	-	-	-
	SELCON3	7	-	-	-	-	-
	CONTIN	4	8	39	21	32	0,213
	CONTIN	7	6	37	20	37	0,213
	CDSSTR	4	5	36	23	34	0,040
	CDSSTR	7	3	33	20	40	0,028
	Mittelwert		**5**	**36**	**21**	**36**	

Die normalisierten CD-Spektren wurden mit den Analyseprogrammen SELCON3 (Sreerema und Woody 1993), CDSSTR (Compton und Johnson 1986) und CONTIN (Provencher und Glöckner 1981), bereitgestellt von DichroWeb (Lobley *et al.*, 2002, Whitmore *et al.* 2004), mit den Referenzdatensets 4 und 7 ausgewertet. Der NRMSD-Wert *(normalized root mean square deviation)* sollte < 0,25 liegen. Werte oberhalb sind kursiv dargestellt und wurden in die Berechnung des Mittelwertes nicht mit einbezogen.

Durch die Zugabe von LDAO verschoben sich die Minima der CD-Spektren beider Mutanten in hydrophober Umgebung nach ca. 216 nm mit einer mittleren molaren Elliptizität $[\theta](\lambda)$ von ca. 4000 Grad cm² dmol⁻¹. Dies resultierte in einer Sekundärstruktur von ca. 57 % β-Strukturen für S126C-BamB und ca. 58 % β-Strukturen für G120C-BamB, die sich der nativen Struktur von wt-BamB (58 %) annäherte.

Letztlich führten die Mutationen in hydrophober Umgebung zu keiner Veränderung der Sekundärstruktur von BamB.

3.4 Faltungsstudien und Membraninsertion von OmpA
in An- und Abwesenheit von verschiedenen BAM-Komponenten

Die Lipoproteine BamB und BamD als Komponenten des BAM-Komplexes sind, vermutlich durch einen Lipidanker, mit der Lipidmembran assoziiert. Inwiefern BamB kinetisch Einfluss auf die Insertion von OmpA nimmt ist unklar. Vorige Studien zeigten widersprüchliche Ergebnisse (Hartinger 2014). BamD hingegen zeigte nachweislich einen Effekt (Schneider 2013), der im Folgenden reproduziert werden sollte.

Die folgenden Abschnitte sollten Aufschluss darüber geben wie sich die Anwesenheit von BamB und BamD kinetisch auf die Insertion von OmpA in vorpräparierte Lipiddoppelschicht-Membranen auswirkt. Es wurden sowohl Lipid-Doppelschichten langkettiger Phospholipide mit Oleoylfettsäureketten (SUVs) als auch Doppelschichten kurzkettiger Lipide mit Lauroylfettsäureketten (LUVs) präpariert, um den Effekt der Lipid-Kettenlänge bzw. Vesikelgröße auf die Insertion von OmpA zu studieren (Abschnitt 3.4.1). Des Weiteren wurde die BamB/OmpA-Stöchiometrie abgeschätzt (Abschnitt 3.4.2). Diese gibt an, bei welchem Verhältnis von BamB zu OmpA die Faltung von OmpA in die Lipidmembran am effektivsten erleichtert wird. Daraufhin wurde durch Addition der Komponenten BamA und BamD analysiert, ob BamB lediglich in Kooperation die Faltungskinetik beeinflusst (Abschnitt 3.4.3). Zusätzlich wurde die Aktivierungsenergie von BamB und BamD bestimmt (Abschnitt 3.4.4). Abschließend wurden Lipidmembranen mit unterschiedlichen Lipidzusammensetzungen konstruiert, um mögliche elektrostatische Anziehungen zwischen der Lipidkopfgruppe und BamB bzw. OmpA zu analysieren (Abschnitt 3.4.5).

Um die Faltung und Insertion von OmpA in vorpräparierte synthetische Vesikel zu studieren, wurde der KTSE-Assay (Abschnitt 2.3.2) angewandt.

3.4.1 Effekte von BamB und BamD auf die Insertion von OmpA in Lipidvesikel

Ziel dieser Studie war es den Effekt von BamB und BamD auf die Faltung und Insertion von OmpA in die Lipidmembran zu studieren. Zusätzlich wurden in diesem Abschnitt mögliche Effekte der Eigenschaften der Lipidmembranen mit Hilfe von SUVs und LUVs untersucht. SUVs wurden in dieser Arbeit aus Dioleoylphospholipiden präpariert, d.h. aus Phospholipiden mit einfach ungesättigten 9,10-*cis*-Octadekenoylketten, die 18 C-Atome enthalten. Die Lipid-Vesikel wurden durch Ultraschallbehandlung hergestellt und haben einen Durchmesser von 25-35 nm (Abschnitt 2.3.1). Für LUVs wurden Phospholipide mit kürzeren, gesättigten Lauroyl-(Dodekanoyl-) Fettsäuren, die 12 C-Atome enthalten, verwendet. Diese wurden durch Polycarbonatmembranen mit einer Porengröße von 100 nm Durchmesser extrudiert, um dementsprechend Vesikel mit einem Durchmesser von ca. 100 nm zu erhalten. Die Lipide wurden aus DOPC, DOPE und DOPG (SUVs) bzw. DLPC, DLPE und DLPG (LUVs) im Verhältnis 5:3:2 konstruiert.

Die bakterielle OM besteht hauptsächlich aus PE (ca. 75-80 %), PG (20 %) und Cardiolipin (Morein *et al.* 1996, Ricci *et al.* 2012). Folglich entsprach der negativ geladene Lipidanteil der hier präparierten synthetischen Lipidmembran dem der natürlichen OM von *E. coli* Bakterien. Der hohe Anteil an PE kann bei Faltungsstudien aufgrund der kinetischen Barriere nicht verwendet werden. Diese Barriere, größtenteils erzwungen durch die Anwesenheit von PE in der Membran (Patel *et al.* 2009, Patel und Kleinschmidt, 2013), führt dazu, dass OMPs ohne den BAM-Komplex nicht oder nur in geringem Maße in die Membran falten können. Augrund dessen könnte die Faltung in Abwesenheit der BAM-Komponenten nicht studiert werden.

Das Experiment wurde nach dem KTSE-Assay (Abschnitt 2.3.2) mit 5 µM OmpA und je 10 µM BamB bzw. BamD in Harnstoff-freiem Glycinpuffer bei 30 °C durchgeführt. Das Lipid wurde im 200-fachen Überschuss zu OmpA hinzugefügt. Gemäß Protokoll wurden die Proben nach bestimmten Zeitpunkten entnommen und in 5 x SDS-Probenpuffer überführt, um die Faltung zu inhibieren. Die Auswertung erfolgte entsprechend der Proteinfärbung durch *Coomassie brilliant blue*. Nachfolgend kann die Faltung von OmpA mit einer schnellen und langsamen Geschwindigkeitskonstante (k_f und k_s) beschrieben werden (siehe Abschnitt 2.3.2).

Faltungskinetiken von OmpA in Doppelschichten langkettiger Lipide (SUVs)

Nachweislich veranschaulichte das Experiment mit SUVs der Lipidzusammensetzungen DOPC/DOPE/DOPG im Verhältnis 5:3:2 einen steigenden Anteil an gefaltetem OmpA, wenn BamB oder BamD anwesend waren (Abb. 3.7, A). Die Reaktion in Abwesenheit der BAM-Komponenten (○) resultierte in einer reduzierten Faltungskinetik mit einer Faltungsausbeute von 64 %. Sowohl BamB (■) als auch BamD (◄) führten zu einer Erhöhung der OmpA-Faltungsausbeute. Diese stieg um 7 % in Anwesenheit von BamD und um 9 % in Gegenwart von BamB (Tabelle 3.3, A). Die Auswertung der Dichtemessung der Gelbanden nach Abschnitt 2.3.2 ist in Abb. 3.7, B graphisch dargestellt.

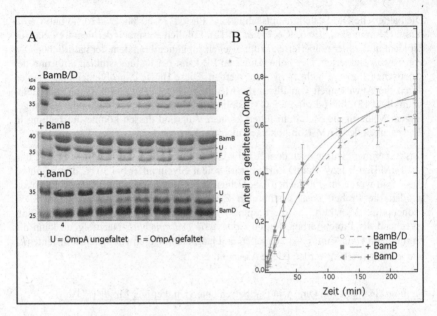

Abb. 3.7 Effekt von BamB und BamD auf die Faltung von OmpA in SUVs. A) In Harnstoff entfaltetes OmpA (5 μM) wurde in Membranen der Lipidzusammensetzungen DOPC:DOPE:DOPG (SUVs) im Verhältnis 5:3:2 rückgefaltet. Es wurden drei Faltungsreaktionen parallel durchgeführt: in Abwesenheit von BamB und BamD (1. Gel von oben) oder in Anwesenheit von BamB (2. Gel) oder BamD (3. Gel). Die Konzentrationen von BamB oder BamD waren je 10 μM. Die Kinetiken wurden in einem Zeitraum von 4-240 min bei 30 °C und pH 8 durchgeführt und die Lipide im 200-fachen molaren Überschuss zu OmpA hinzugefügt. Die entfaltete (U) und die gefaltete (F) Form von OmpA sowie die Migration auf dem Gel von BamB und BamD sind entsprechend markiert. Während die erste Spur der Gele den Proteinmarker enthält, enthalten die Spuren 2-9 die Proben, die der Faltungsreaktion zu verschiedenen Zeiten (4-240 min) entnommen wurden. Die Proben mit BamB sind auf einem 12 %-igem SDS-Gel bzw. mit BamD auf einem 15 %-igem SDS-Gel analysiert worden. **B)** Die Gele von **A** und weitere Gele von Kontrollexperimenten wurden per Densitometrie analysiert, um die Anteile des gefalteten OmpA als Funktion der Zeit unter den jeweiligen Faltungsbedingungen, d.h. in Abwesenheit (○) von BamB und BamD, in Gegenwart von BamB (■), oder in Gegenwart von BamD (◄) zu ermitteln. Die Werte ergaben sich aus drei gemittelten Messungen und wurden nach Abschnitt 2.3.2 ausgewertet.

Der Anteil A_f des OmpA im schnelleren Faltungsprozess betrug in Abwesenheit von BamB/D $0,855 \pm 0,160$ mit einer korrespondierenden Geschwindigkeitskonstante k_f des schnelleren Faltungsprozesses von $k_f = 0,0090 \pm 0,0002 \text{ min}^{-1}$ (Tabelle 3.3, A). Die Geschwindigkeitskonstante k_s des langsameren Faltungsprozesses lag bei $k_s = 0,0025 \pm 0,0037 \text{ min}^{-1}$. In Gegenwart von BamD erhöhte sich der kinetische Parameter A_f auf $0,982 \pm 0,020$, während $k_f = 0,0075 \pm 0,0002 \text{ min}^{-1}$ ergab. Da fast die gesamte Faltung über den schnellen Faltungsprozess verläuft ($A_f \approx 1$) ist anzunehmen, dass $k_f = 0$ gilt. Innerhalb der ersten 60 min zeigte BamD keinerlei additiven Effekt auf die Faltung von OmpA. Die Messungen in diesem Bereich sind mit den Ergebnissen ohne BAM-Komponente vergleichbar. BamB hingegen führte zu einer schnelleren Geschwindig-keitskonstante k_f des schnelleren Faltungs-prozesses mit $k_f = 0{,}0260 \pm 0{,}0050$ min^{-1}, $A_f = 0{,}42$ und $k_s = 0{,}0031 \pm 0{,}006$ min^{-1} von Beginn der Messung. Demnach ist A_f in Anwesenheit von BamB niedriger als in Abwesenheit des Lipoproteins. Es kann vermutet werden, dass sich die Gleichung 2.1 in diesem Fall für die Auswertung nicht eignet.

Die ermittelten Standardabweichungen von bis zu 9 % sind zu groß und die Unterschiede zwischen den verschiedenen Messungen zu gering, um eine endgültige Aussage treffen zu können.

Faltungskinetiken von OmpA in Doppelschichten kurzkettiger Lipide (LUVs)

Zum Vergleich sollte das Experiment mit kurzkettigen Lipiden für Modellmembranen der Zusammensetzung DLPC:DLPE:DLPG (5:3:2) durchgeführt werden, um mögliche Einflüsse der Lipidkettenlänge oder Vesikelgröße auf die Faltung von OmpA zu studieren. Das Gel in Abb. 3.8, A veranschaulicht die Zunahme der gefalteten Form gegenüber der ungefalteten Form von OmpA im Zeitverlauf in An- und Abwesenheit der BAM-Komponenten (Abb. 3.8, A). Ohne BamB bzw. BamD resultierte dies in einer Faltungsausbeute von ca. 68 %, mit $A_f = 0{,}635 \pm 0{,}120$ und $k_f = 0{,}0337 \pm 0{,}0098$ min^{-1} (Tabelle 3.3, B). Dieser Wert lag letztlich um 4 % höher als in SUVs und ist mit Betrachtung der Standardabweichungen von lediglich 1 % signifikant.

In Anwesenheit von BamB (■) bzw. BamD (◄) war ein Unterschied in der Faltungsausbeute von OmpA zwischen Dioleoylphospholipiden (SUVs) und Dilaroylphospholipide (LUVs) erkennbar. In LUVs war der Anteil an gefaltetem OmpA in beiden Fällen um das 1,2 fache gestiegen und die Konstante der schnelleren Faltungsphase k_f nahm bei BamB mit $0{,}0507 \pm 0{,}0145$ min^{-1} und bei BamD mit $0{,}0433 \pm 0{,}0077$ min^{-1} zu.

Tabelle 3.3 Analyse von Faltungskinetiken zur Bestimmung des Effekts von BamB bzw.
BamD auf die Faltung und Insertion von OmpA

Probe	$A_f{}^a$	$k_f (min^{-1})^b$	$k_s (min^{-1})^c$	Faltungsausbeute (%)
(A) DOPC:DOPE:DOPG (5:3:2), SUVs				
- BamB/D	$0,855 \pm 0,160$	$0,0090 \pm 0,0002$	*0,0025 ± 0,0037*	64 ± 1
+ BamB	$0,420 \pm 0,074$	$0,0260 \pm 0,0050$	$0,0031 \pm 0,0006$	73 ± 4
+ BamD	$0,982 \pm 0,020$	$0,0075 \pm 0,0002$	*-0,0081 ± 0,0040*	71 ± 8

Probe	A_f	$k_f (min^{-1})$	$k_s (min^{-1})$	Faltungsausbeute (%)
(B) DLPC:DLPE:DLPG (5:3:2), LUVs				
- BamB/D	$0,635 \pm 0,120$	$0,0337 \pm 0,0098$	*0,0003 ± 0,0017*	68 ± 1
+ BamB	$0,835 \pm 0,059$	$0,0507 \pm 0,0145$	$0,0030 \pm 0,0020$	91 ± 6
+ BamD	$0,853 \pm 0,105$	$0,0433 \pm 0,0077$	*0,0029 ± 0,0044*	93 ± 1

OmpA (5 µM) wurde in Abwesenheit von BamB und BamD oder in Anwesenheit von
BamB oder BamD in (**A**) vorpräparierte SUVs (DOPC:DOPE:DOPG, 5:3:2) und in (**B**)
LUVs (DLPC:DLPE:DLPG, 5:3:2) gefaltet. Die Konzentrationen von BamB oder
BamD waren je 10 µM. Die Faltungsausbeute bezieht sich auf die Faltung von OmpA
nach 240 min bei einem pH-Wert von 8 und einer Temperatur von 30 °C. Die Daten aus
drei voneinander unabhängigen Messungen wurden gemittelt und nach Gleichung 2.1
ausgewertet. Werte mit zu hohen Standardabweichungen sind kursiv dargestellt. a) A_f,
Anteil des schnelleren Faltungsprozesses an der Faltung von OmpA, b) k_f, Geschwindigkeitskonstante des schnelleren Faltungsprozesses, c) k_s, Geschwindig-keitskonstante
des langsameren Faltungsprozesses.

LUVs lassen sich im Vergleich zu SUVs aufgrund der definierten Porengröße des Fil-
ters (100 nm) präziser reproduzieren. Vergleichend mit vorigen Studien (Surrey und
Jähnig, 1992, Kleinschmidt und Tamm, 1996, 2002, Pocanschi *et al.* 2006) war die
Faltung von OmpA in Dilaroylphospholipide (LUVs) oder Dioleoylphospholipide
(SUVs) unterschiedlich. Die Anwesenheit von BamB oder BamD resultierte in einer
gesteigerten Faltungskinetik und –ausbeute, die vor allem in LUVs deutlich wurde.
Daher wurden alle nachfolgenden Kinetiken mit LUVs durchgeführt.

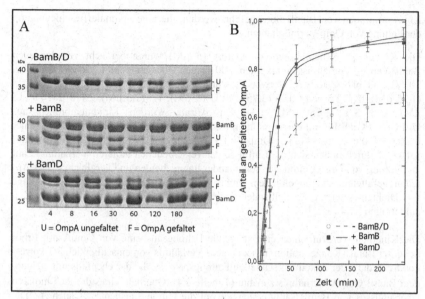

Abb. 3.8 Effekt von BamB und BamD auf die Faltung von OmpA in LUVs. A) In Harnstoff entfaltetes OmpA (5 µM) wurde in Membranen der Lipidzusammensetzungen DLPC:DLPE:DLPG (LUVs) im Verhältnis 5:3:2 rückgefaltet. Es wurden drei Faltungsreaktionen parallel durchgeführt: in Abwesenheit von BamB und BamD (1. Gel von oben) oder in Anwesenheit von BamB (2. Gel) oder BamD (3. Gel). Die Konzentrationen von BamB oder BamD waren je 10 µM. Die Kinetiken wurden in einem Zeitraum von 4-240 min bei 30 °C und pH 8 durchgeführt und die Lipide im 200-fachen molaren Überschuss zu OmpA hinzugefügt. Die entfaltete (U) und die gefaltete (F) Form von OmpA sowie die Migration auf dem Gel von BamB und BamD sind entsprechend markiert. Während die erste Spur der Gele den Proteinmarker enthält, enthalten die Spuren 2-9 die Proben, die der Faltungsreaktion zu verschiedenen Zeiten (4-240 min) entnommen wurden. Die Proben mit BamB sind auf einem 12 %-igem SDS-Gel bzw. mit BamD auf einem 15 %-igem SDS-Gel analysiert worden. **B)** Die Gele von **A** und weitere Gele von Kontrollexperimenten wurden per Densitometrie analysiert, um die Anteile des gefalteten OmpA als Funktion der Zeit unter den jeweiligen Faltungsbedingungen, d.h. in Abwesenheit (○) von BamB und BamD, in Gegenwart von BamB (■), oder in Gegenwart von BamD (◄) zu ermitteln. Die Werte ergeben sich aus drei gemittelten Messungen und wurden nach Abschnitt 2.3.2 ausgewertet.

3.4.2 Ermittlung der BamB/OmpA Stöchiometrie

Um die Stöchiometrie der Interaktion von BamB mit OmpA zu bestimmen, wurde die Faltung und Insertion von OmpA in Abhängigkeit verschiedener Konzentrationen (Molaritäten) von BamB analysiert. Mit dieser Methode war es möglich das minimale BamB/OmpA-Verhältnis zu identifizieren, ab dem die gesamte Menge an OmpA über den BamB assistierten Faltungsweg faltet. Nachfolgende Studien konnten daher bei

Konzentrationen von BamB durchgeführt werden, die eine optimale Beschleunigung der Faltung von OmpA ermöglichten.

Die Kinetik der Rückfaltung von OmpA (5 µM) wurde bei acht verschiedenen BamB/OmpA-Verhältnissen mit einem 200-fachen Überschuss an Lipid zu OmpA bei 30 °C und pH 8 studiert. Verwendet wurden die BamB/OmpA-Verhältnisse: 0,25 (1,25 µM), 0,5 (2,5 µM), 0,75 (3,75 µM), 1 (5 µM), 1,5 (7,5 µM), 2 (10 µM), 3 (15 µM) und 3,5 (17,5 µM). Für den Ansatz wurden Lipidmembranen aus DLPC:DLPG:DLPE mit einem molaren Verhältnis von 5:3:2 präpariert, da sie zu einer besseren Faltungsausbeute von OmpA im Vergleich zu SUVs führten (siehe Abschnitt 3.4.1). Dadurch ließen sich die Einflüsse der verschiedenen molaren Verhältnisse auf die Faltung von OmpA einfacher voneinander unterscheiden und vergleichen. Der Anteil an gefaltetem und ungefaltetem OmpA wurde nach Abschnitt 2.3.2 auf Grundlage von Dichtemessungen der Gelbanden ausgewertet (Abb. 3.9, A) und gegen die Zeit aufgetragen (Abb. 3.9, B).

Die Kinetiken verdeutlichten eine steigende Faltungsausbeute von OmpA mit Erhöhung der BamB-Konzentration. Bis zu einem Verhältnis von einschließlich 3:1 korrespondierte dazu der Anteil am schnellen Faltungsprozess A_f, der ebenfalls mit steigendem BamB/OmpA-Verhältnis zunahm (Tabelle 3.4). Oberhalb eines dreifach molaren Überschusses von BamB sättigte sich sowohl die Faltungsausbeute als auch A_f. Die Geschwindigkeitskonstante des schnellen Faltungsprozesses k_f steigerte sich mit Zunahme der BamB-Konzentration bei einem BamB/OmpA-Verhältnis ≤ 2, was weiterhin den Einfluss von BamB auf die Faltung von OmpA veranschaulicht. Gleichzeitig nahm k_s geringfügig zu, was darauf hinweist, dass die Anwesenheit von BamB sowohl den schnellen (k_f) als auch den langsamen Faltungs-prozess (k_s) kinetisch beeinflusst.

Um die Stöchiometrie zwischen BamB und OmpA zu analysieren, wurden die ermittelten Anteile des schnelleren Faltungsprozesses (A_f) an der Faltung des OmpA gegen die molaren Verhältnisse von BamB zu OmpA geplottet (Abb. 3.10, A). Zusätzlich wurden zum Vergleich die Faltungsausbeuten von OmpA nach 240 min gegen das BamB/OmpA-Verhältnis aufgetragen (Abb. 3.10, B). Beide Diagramme demonstrieren einen linearen Anstieg der Faltungsausbeute von OmpA (bzw. des Anteils an gefaltetem OmpA). Dieser Anstieg wird bei Annäherung an ein BamB/OmpA Verhältnis von ca. 2 flacher und mündet anschließend, d.h. bei BamB/OmpA Verhältnissen > 2, in eine maximal erzielbare Ausbeute von ca. 90-95 % gefaltetem OmpA. Die entsprechende Funktion für den Anteil des schnelleren Faltungsprozesses an der OmpA-Faltung zeigt einen vergleichbaren Verlauf (Abb. 3.10, B).

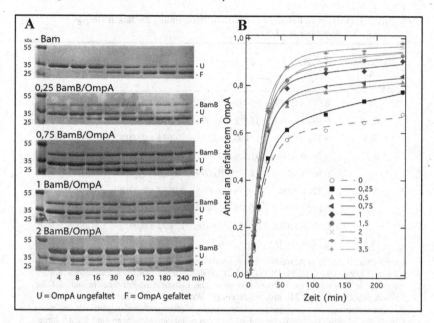

Abb. 3.9 Kinetische Analysen zur BamB/OmpA-Stöchiometrie. A) In Harnstoff entfaltetes OmpA (5 µM) wurde in Membranen der Lipidzusammensetzungen DLPC:DLPE:DLPG (LUVs) im Verhältnis 5:3:2 rückgefaltet. Es wurden neun Faltungsreaktionen parallel durchgeführt: in Abwesenheit von BamB (1. Gel von oben) oder in Anwesenheit von BamB (10 µM) und verschiedenen molaren Verhältnissen von BamB zu OmpA (nur die Gele 2-5 sind aufgeführt). Die entfaltete (U) und die gefaltete (F) Form von OmpA, der Proteinmarker (in kDa) und die Migration auf dem Gel von BamB sind entsprechend markiert. Die Kinetiken wurden in einem Zeitraum von 4-240 min bei 30 °C und pH 8 durchgeführt und die Lipide im 200-fachen Überschuss zu OmpA hinzugefügt. Die Studien sind auf einem 12 %-igen SDS-Gel aufgeführt. **B)** Die Gele von **A** und weitere Gele von Kontrollexperimenten wurden per Densitometrie analysiert, um die Anteile des gefalteten OmpA als Funktion der Zeit unter den jeweiligen Faltungsbedingungen, d.h. in Abwesenheit (○) von BamB und in Gegenwart von BamB zu ermitteln. Die Werte ergeben sich aus drei gemittelten Messungen und wurden nach Abschnitt 2.3.2 ausgewertet.

Berechnet wurde die Stöchiometrie n der Wechselwirkung von BamB mit OmpA durch Verwendung der Gleichung 2.5 aus Abschnitt 2.3.4. Die Stöchiometrie wurde durch die Analyse der Faltungsausbeute (Abb. 3.10, A) bzw. des Anteils A_f des schnelleren Faltungsprozesses (Abb. 3.10, B) als Funktion des BamB/OmpA-Verhältnisses errechnet und ergab $n = 1{,}1374 \pm 0{,}279$ (A) bzw. $n = 1{,}0076 \pm 0{,}622$ (B). Da die Stöchiometrie der Wechselwirkung der beiden Partner nur aus ganzen Zahlen bestehen kann, ist bezüglich der ermittelten Daten ein Verhältnis von 1:1 am wahrscheinlichsten.

Tabelle 3.4 Analyse von Faltungskinetiken zur Bestimmung der BamB/OmpA-Stöchiometrie in LUVs.

BamB/OmpA-Verhältnis	A_f [a]	$k_f (min^{-1})$ [b]	$k_s (min^{-1})$ [c]	Faltungsausbeute (%)
0	$0,588 \pm 0,073$	$0,0478 \pm 0,0122$	*$0,0009 \pm 0,0010$*	68 ± 3
0,25	$0,594 \pm 0,043$	$0,0512 \pm 0,0074$	$0,0024 \pm 0,0007$	77 ± 2
0,5	$0,734 \pm 0,059$	$0,0603 \pm 0,0105$	$0,0015 \pm 0,0014$	81 ± 6
0,75	$0,761 \pm 0,069$	$0,0506 \pm 0,0097$	*$0,0015 \pm 0,0017$*	84 ± 4
1	$0,809 \pm 0,066$	$0,0581 \pm 0,0099$	$0,0023 \pm 0,0022$	90 ± 5
1,5	$0,828 \pm 0,047$	$0,0578 \pm 0,0064$	$0,0033 \pm 0,0018$	93 ± 4
2	$0,882 \pm 0,036$	$0,0588 \pm 0,0049$	$0,0030 \pm 0,0020$	97 ± 1
3	$0,926 \pm 0,062$	$0,0478 \pm 0,0056$	*$0,0033 \pm 0,0052$*	98 ± 1
3,5	$0,847 \pm 0,033$	$0,0461 \pm 0,0030$	$0,0039 \pm 0,0014$	93 ± 1

OmpA (5 µM) wurde in Abwesenheit von BamB oder in Anwesenheit von BamB in vorprä-parierte LUVs (DLPC:DLPE:DLPG, 5:3:2) gefaltet. Dabei wurden verschiedene molare Verhältnisse von BamB zu OmpA verwendet. Die Faltungsausbeute bezieht sich auf die Faltung von OmpA nach 240 min bei einem pH-Wert von 8 und einer Temperatur von 30 °C. Die Daten aus drei voneinander unabhängigen Messungen wurden gemittelt und nach Gleichung 2.1 ausgewertet. Werte mit zu hohen Standardabweichungen sind kursiv darge-stellt. a) A_f, Anteil des schnelleren Faltungsprozesses an der Faltung von OmpA, b) k_f, Ge-schwindigkeitskonstante des schnelleren Faltungsprozesses, c) k_s, Geschwindig-keitskonstante des langsameren Faltungsprozesses.

Um nachfolgende Faltungsstudien effizient durchzuführen, wurde BamB im zweifa-chen Überschuss (10 µM) zu OmpA (5 µM) hinzugefügt, um den bestmöglichen Ef-fekt von BamB auf die Faltung von OmpA zu gewährleisten.

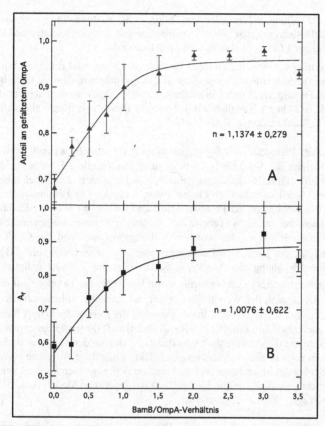

Abb. 3.10 Ermittlung der Stöchiometrie der Wechselwirkung von BamB mit OmpA. Die Kinetik der Faltung von OmpA in LUVs aus DLPC:DLPE:DLPG (5:3:2) wurde für verschiedene molaren Verhältnisse von BamB zu OmpA studiert (diese Kinetiken sind in Abb. 3.9 dargestellt). Die Faltungsausbeute von OmpA (**A**) und der ermittelte Anteil des schnelleren Faltungsprozesses A_f (**B**) wurde gegen das BamB/OmpA-Verhältnis aufgetragen. Die Stöchiometrie n wurde mit Hilfe von Gleichung 2.5 berechnet. Im Bereich 2 - 3,5 nähert sich der Effekt der Gegenwart von BamB auf die Faltung des OmpA, ausgedrückt durch die Faltungsausbeute von OmpA bzw. durch A_f, asymptotisch an Grenzwerte an.

3.4.3 Kooperationsstudien von BamB, BamD und der periplasmatischen Domäne von BamA in SUVs

Die periplasmatische Domäne von BamA besteht aus fünf n-terminalen POTRA-Domänen (Abschnitt 1.4). Über die Domänen P2-P5 ist das Protein mit BamB assoziiert (Kim *et al.* 2007). In Abschnitt 3.4.1 konnte gezeigt werden, dass die Anwesenheit von BamB die Faltung und Insertion von OmpA in die Membran *in vitro* beschleunigt. Demnach stellt sich die Frage, ob in Kombination mit der periplasmatischen Domäne von BamA dieser Effekt von BamB noch verstärkt wird.

Eine direkte Interaktion zwischen den Lipoproteinen BamB und BamD konnte bisher nicht nachgewiesen werden. Dies schließt allerdings nicht aus, dass sie nicht in Kombination die Faltung von OmpA erleichtern könnten. Beide fördern separat die Faltungskinetik von OmpA. Folglich wurden sowohl BamA und BamB als auch BamB und BamD in Kombination in SUVs studiert.

Die kinetischen Parameter und Faltungsausbeuten von BamB (■) und BamD (◄) in SUVs sind bereits aus Abschnitt 3.4.1 bekannt und in Tabelle 3.5 zur besseren Übersicht erneut aufgeführt. Beide Lipoproteine in Kombinationen resultierten nicht in einem höheren Anteil an gefalteten OmpA (Abb. 3.11, A). Die Faltungsausbeute von OmpA lag in Kombination der Proteine BamB und BamD (◆) sowie in den einzelnen Faltungsstudien, bei ca. 73 % (Tabelle 3.5). Änderungen waren hingegen für die Geschwindigkeitskonstante k_f des schnellen Faltungsprozesses und die Geschwindigkeitskonstante k_s des langsamen Faltungsprozesses zu verzeichnen. Führte BamD allein zu einer Erhöhung der Geschwindigkeitskonstante k_f von lediglich 0,007 min^{-1}, steigerte sich diese in An-wesenheit von BamB um das Doppelte auf ca. 0,015 min^{-1}. Zusätzlich sank der Wert für den Anteil am schnellen Faltungsprozess A_f auf 0,682. Analog zum Kurvenverlauf überlappten sich die Kurven der OmpA Faltungskinetik in Anwesenheit von BamB bzw. BamB und BamD innerhalb der ersten Stunde. Folglich resultierte die Anwesenheit von BamD zu Beginn der Messung weder in einem additiven noch in einem reduzierenden Effekt. Endgültige Aussagen können aufgrund der Standardabweichungen und dem abnormalen, negativen k_s-Wert von BamD allerdings nicht getroffen werden. Eventuell ist das kinetische Modell nach Gleichung 2.1 für diese Ergebnisse nicht anwendbar.

Interaktionen zwischen dem Lipoprotein BamB und der periplasmatischen Domäne von BamA resultierten in einer vermeintlichen Kooperation beider Partner (●) an der Faltung von OmpA in die Membran (Abb. 3.11, B). Die periplasmatische Domäne von BamA (►) verzeichnete bereits in einer separaten Studie eine Erhöhung der Geschwindigkeitskonstante k_f am schnellen Faltungsprozess von ca. 0,032 min^{-1} und eine verbesserte Geschwindig-keitskonstante k_s am langsamen Faltungsprozess von 0,025 min^{-1} (Tabelle 3.5). Verglichen mit BamB führte BamA zu einer 20 % schnelleren Faltung von OmpA, was zu einer Faltungsausbeute von 75 % führte. Dies verdeutlicht die Wichtigkeit der periplasmatischen Domäne von BamA an der Faltung und Insertion von OMPs.

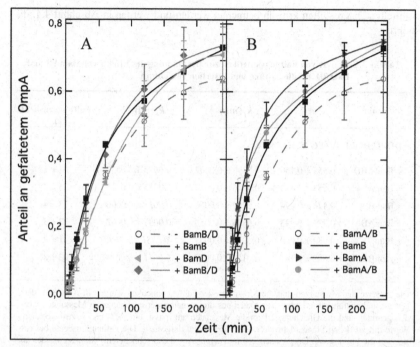

Abb. 3.11 Effekte der Lipoproteine BamB bzw. BamD und der periplasmatischen Domäne von BamA auf die Faltung von OmpA in SUVs. In Harnstoff entfaltetes OmpA (5 µM) wurde in Membranen der Lipidzusammensetzungen DOPC:DOPE:DOPG (SUVs) im Verhältnis 5:3:2 rückgefaltet. Die Faltungs-reaktionen wurden in Ab- und Anwesenheit von verschiedenen BAM-Komponenten durchgeführt. In (**A**) wurden vier verschiedene Ansätze analysiert: ohne BAM-Komponente (○), mit BamB (■,10 µM), mit BamD (◄, 10 µM) oder mit BamB und BamD (♦, je 10 µM). (**B**) zeigt die Ansätze: ohne BAM-Komponente (○), mit BamB (■,10 µM), mit der periplasmatischen Domäne von BamA (►, 10 µM) oder mit BamB und der periplasmatischen Domäne von BamA (●, je 10 µm). Die Kinetiken wurden in einem Zeitraum von 4-240 min bei 30 °C und pH 8 durchgeführt und die Lipide im 200-fachen Überschuss zu OmpA hinzugefügt. Die Kinetiken von BamB und BamA sind auf einem 12 %-igem SDS-Gel und BamD auf einem 15 %-igem SDS-Gel aufgeführt und wurden nach Abschnitt 2.3.2 ausgewertet.

Die für k_s und A_f erhaltenen Daten setzen sich sinngemäß aus den entsprechenden Daten dieser Parameter für die separaten Faltungsstudien mit BamA und BamB zusammen. So addieren sich beide k_f-Werte zu einem gemeinsamen Wert von ca. 0,0526 min^{-1}. Dieses gemeinsame Zusammenwirken von BamB und der periplasmatischen Domäne BamA wird durch die ermittelten Daten zwar unterstützt, allerdings überlappt sich dies nicht mit dem Kurvenverlauf der Faltungskinetik. Hier scheint das Hinzufügen von BamB zu BamA eher als Inhibitor der Faltung von OmpA zu wirken. Die hier ermittelten Daten sollten kritisch betrachtet werden und werden in Abschnitt 4.4. diskutiert.

Tabelle 3.5 Analyse von Faltungskinetiken zur Bestimmung des Effekts von BamAB und BamBD auf die Faltung und Insertion von OmpA

Probe	$A_f{}^a$	$k_f(min^{-1})^b$	$k_s(min^{-1})^c$	Faltungsausbeute (%)
DOPC:DOPE:DOPG (5:3:2), SUVs				
- BamABD	$0,855 \pm 0,160$	$0,0090 \pm 0,0002$	*$0,0025 \pm 0,0037$*	64 ± 1
+ BamA	$0,553 \pm 0,123$	$0,0316 \pm 0,0087$	$0,0025 \pm 0,0015$	75 ± 3
+ BamB	$0,420 \pm 0,074$	$0,0260 \pm 0,0050$	$0,0031 \pm 0,0006$	73 ± 4
+ BamAB	$0,371 \pm 0,023$	$0,0526 \pm 0,0050$	$0,0037 \pm 0,0002$	73 ± 3
+ BamD	$0,982 \pm 0,020$	$0,0075 \pm 0,0002$	*$-0,0081 \pm 0,0040$*	71 ± 7
+ BamBD	$0,682 \pm 0,147$	$0,0152 \pm 0,0029$	*$0,0011 \pm 0,0018$*	73 ± 8

Die Ansätze der Messungen und die Messdaten der Faltungskinetiken wurden in Abb. 3.10 dargestellt und ausführlich erläutert. Die Daten aus drei voneinander unabhängigen Messungen wurden gemittelt und die Gleichung 2.1 an die Messdaten angepasst, um A_f, k_f und k_s zu berechnen. Werte mit zu hohen Standardabweichungen sind kursiv dargestellt. Die Faltungsausbeute bezieht sich auf die Faltung von OmpA nach 240 min. a) A_f, Anteil des schnelleren Faltungsprozesses an der Faltung von OmpA, b) k_f, Geschwindigkeitskonstante des schnelleren Faltungsprozesses, c) k_s, Geschwindigkeits-konstante des langsameren Faltungsprozesses.

3.4.4 Einfluss von BamB und BamD auf die Aktivierungsenergie des Faltungsprozesses von OmpA

Die bisherigen kinetischen Studien in An- und Abwesenheit von BamB bzw. BamD repräsentierten den Einfluss der BAM-Komponenten auf die Faltung und Insertion von OmpA in die Membran. In Gegenwart der Lipoproteine konnte in dieser Arbeit ein gesteigerter Anteil am schnellen Faltungsprozess A_f und eine schnellere Geschwindigkeits-konstante k_f identifiziert werden (siehe Abschnitt 3.4.1, 3.4.2 und 3.4.3). Der Einfluss von BamB bzw. BamD auf die Aktivierungsengerie des Faltungsprozesses von OmpA wurde im Folgenden analysiert.

Die Faltungsexperimente von OmpA (5 µM) wurden in An- und Abwesenheit von BamB bzw. BamD (je 10 µM) vorgenommen. Dazu wurden LUVs aus DLPC:DLPE:DLPG (5:3:2) und DLPC präpariert. Die Kinetiken wurden bei verschiedenen Temperaturen von 10 °C bis 45 °C in Glycinpuffer bei pH 8 und einem 200-fachen Überschuss an Lipid zu OmpA durchgeführt.

Die Faltungskinetiken des OmpA in reine Lipidmembranen (ohne BAM-Komponenten) mit der Zusammensetzung DLPC:DLPE:DLPG (5:3:2) resultierten bei Temperaturen zwischen 15° C und 25 °C in einem fast linearen Anstieg der Faltung von OmpA (Abb. 3.12, A). Es war hier nicht möglich, die Funktion des bisherigen kinetischen Modells (Gleichung 2.1) an die Daten anzupassen und damit auch nicht möglich, die entsprechenden Parameter der Fitfunktion anzugeben. Möglicherweise lag dies an dem Phasenverhalten der Lipidmischung. Lediglich bei einer Temperatur von 10 °C war ein exponentieller Anstieg der Faltung vorhanden, der sich mit Zunahme der Temperatur ab 30 °C bis 45 °C konstant vergrößerte (Abb. 3.12, B). Dies ließ sich mit A_f und k_f bestätigen (Tabelle 3.6). Mit Ausnahme der Daten bei 45 °C war die Konstante k_s, die den langsamen Faltungsprozess beschreibt, nicht bestimmbar, da die Standardabweichungen größer waren als der eigentliche Wert. k_s war auch nicht genauer bestimmbar, da diese Geschwindigkeitskonstante in der Regel sehr nahe bei Null liegt und zu wenige Messpunkte im, für den langsamen Prozess relevanten, Zeitbereich liegen.

Innerhalb der ersten vier Minuten war noch keine messbare Menge an gefaltetem OmpA vorhanden, so dass die Konstante t_0 eingeführt wurde. t_0 gibt an welche Werte in die Fitfunktion einberechnet werden. Für die Ermittlung aller Fitfunktionen wurde t_0 = 4 min gesetzt, so dass der erste gemessene Punkt ausgeschlossen wurde. Vermutlich resultierte die Anwesenheit von DLPE und DLPG in der Membran zu einer verlangsamten Faltung von OmpA zu Beginn der Messung.

In allen nachfolgenden Experimenten steigerten sich A_f, k_f und k_s bei verschiedenen Temperaturen in Anwesenheit von BamB oder BamD (Abb. 3.12, C-F, Tabelle 3.6), im Vergleich zu Experimenten in Abwesenheit der BAM-Komponenten. In Gegenwart von BamB erhöhte sich A_f mit steigender Temperatur in einem Intervall von 15 bis 40 °C. Ein vergleichbarer Effekt war für BamD zwischen 10 und 40 °C erkennbar, so dass bei Temperaturen > 40 °C jeweils die maximale Faltungsausbeute von OmpA erreicht wurde. Analog dazu nahm die Geschwindigkeitskonstante k_f des schnellen Faltungsprozesses mit steigender Temperatur zu, während sich die Geschwindigkeitskonstante k_s des langsamen Faltungsprozesses zwar in Anwesenheit der BAM-Komponenten steigerte, allerdings keine Abhängigkeit von der Temperatur identifiziert werden konnte. Zusätzlich wich die Fitfunktion zwischen 20 und 25 °C bzw. 35 und 40 °C von den k_s-Daten von BamB ab, was durch die teilweise zu hohen Standardabweichungen deutlich wurde. Auf die Problematik der Bestimmung von k_s wurde bereits im dritten Absatz dieses Abschnitts hingewiesen.

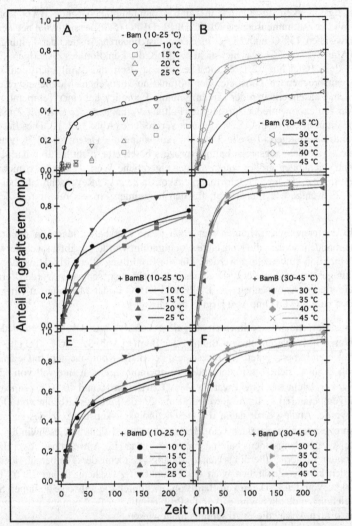

Abb. 3.12 Kinetische Analysen zur Ermittlung der Aktivierungsenergie der Faltung von OmpA in Abhängigkeit von BamB und BamD in DLPC:DLPE:DLPG (5:3:2). In Harnstoff entfaltetes OmpA (5 µM) wurde in Membranen der Lipidzusammensetzungen DLPC:DLPE:DLPG (LUVs) im Verhältnis 5:3:2 rückgefaltet. Es wurden drei Faltungsreaktionen parallel durchgeführt: in Abwesenheit von BamB und BamD (A und B) oder in Anwesenheit von BamB (C und D) oder BamD (E und F). Die Konzentrationen von BamB oder BamD waren je 10 µM. Die Faltungskinetiken wurden in einem Zeitraum von 4-240 min bei verschiedenen Temperaturen (10 bis 45 °C) und bei pH 8 gemessen. Das molare Lipid/OmpA-Verhältnis war 200. Die Studien wurden nach Abschnitt 2.3.2 ausgewertet. Es wurden jeweils drei voneinander unabhängige Messungen gemittelt.

3.4 Faltungsstudien und Membraninsertion von OmpA

Tabelle 3.6 Analyse von Faltungskinetiken zur Bestimmung der Aktivierungsenergie des Faltungsprozesses von OmpA und dem Einfluss von BamB bzw. BamD in DLPC:DLPE:DLPG (5:3:2).

T in °C	A_f [a]	$k_f (min^{-1})$ [b]	$k_s (min^{-1})$ [c]	t0 [d] (min)	Ausbeute (%)	ln (k_f)	T^{-1} ($10^{-3} K^{-1}$)
In Abwesenheit von BamB/D, DLPC:DLPE:DLPG (5:3:2)							
10	0,327 ± 0,016	0,0873 ± 0,0133	0,0015 ± 0,0002	2,1 ± 0,6	52 ± 4	- 2,44	3,53
15	-	-	-	-	29 ± 9	-	3,47
20	-	-	-	-	36 ± 9	-	3,41
25	-	-	-	-	44 ± 8	-	3,35
30	0,491 ± 0,103	0,0200 ± 0,0054	*0,0002 ± 0,0009*	4,2 ± 1,4	52 ± 1	- 3,91	3,30
35	0,609 ± 0,058	0,0283 ± 0,0043	*0,0005 ± 0,0007*	3,1 ± 0,8	66 ± 8	- 3,56	3,25
40	0,696 ± 0,061	0,0446 ± 0,0076	*0,0011 ± 0,0012*	4,0 ± 0,8	77 ± 8	- 3,11	3,19
45	0,693 ± 0,022	0,0691 ± 0,0053	0,0017 ± 0,0005	3,0 ± 0,3	79 ± 9	- 2,67	3,14
In Anwesenheit von BamB, DLPC:DLPE:DLPG (5:3:2)							
10	0,397 ± 0,029	0,1200 ± 0,0247	0,0039 ± 0,0004	2,2 ± 0,7	77 ± 4	- 2,12	3,53
15	0,212 ± 0,012	0,0837 ± 0,0113	0,0045 ± 0,0001	2,5 ± 0,4	72 ± 7	- 2,48	3,47
20	0,754 ± 0,226	0,0121 ± 0,0035	*0,0003 ± 0,0031*	-0,03±1,4	73 ± 8	- 4,41	3,41
25	0,860 ± 0,064	0,0222 ± 0,0022	*0,0009 ± 0,0021*	1,5 ± 0,6	89 ± 3	- 3,81	3,35
30	0,835 ± 0,059	0,0507 ± 0,0145	0,0030 ± 0,0020	2,6 ± 0,9	91 ± 6	- 2,98	3,30
35	0,918 ± 0,064	0,0409 ± 0,0054	*0,0012 ± 0,0043*	3,0 ± 0,7	95 ± 3	- 3,20	3,25
40	0,926 ± 0,048	0,0444 ± 0,0045	*0,0015 ± 0,0038*	2,8 ± 0,5	96 ± 2	- 3,11	3,19
45	0,902 ± 0,013	0,0512 ± 0,0013	0,0041 ± 0,0009	3,1 ± 0,1	97 ± 3	- 2,97	3,14
In Anwesenheit von BamD, DLPC:DLPE:DLPG (5:3:2)							
10	0,400 ± 0,026	0,1096 ± 0,0209	0,0035 ± 0,0004	2,8 ± 0,5	72 ± 4	- 2,21	3,53
15	0,433 ± 0,052	0,0452 ± 0,0101	0,0028 ± 0,0006	2,1 ± 1,0	70 ± 1	- 3,10	3,47
20	0,516 ± 0,047	0,0376 ± 0,0056	0,0028 ± 0,0006	1,3 ± 0,8	76 ± 6	- 3,28	3,41
25	0,558 ± 0,040	0,0567 ± 0,0061	0,0077 ± 0,0007	2,7 ± 0,3	92 ± 2	- 2,87	3,35
30	0,738 ± 0,057	0,0665 ± 0,0094	0,0063 ± 0,0018	2,5 ± 0,5	93 ± 1	- 2,71	3,30
35	0,809 ± 0,023	0,0705 ± 0,0043	0,0037 ± 0,0009	2,8 ± 0,2	99 ± 2	- 2,65	3,25
40	0,814 ± 0,023	0,0886 ± 0,0048	0,0082 ± 0,0013	3,2 ± 0,1	99 ± 2	- 2,42	3,19
45	0,779 ± 0,035	0,1756 ± 0,0216	0,0095 ± 0,0024	3,4 ± 0,2	97 ± 4	- 1,74	3,14

OmpA wurde in An- und Abwesenheit von BamB bzw. BamD jeweils im Verhältnis 1:2 OmpA/BamB bzw. OmpA/BamD in vorpräparierte Lipid-Doppelschichten (DLPC:DLPE:DLPG, 5:3:2; LUVs) gefaltet. Die Faltungsausbeute bezieht sich auf die Faltung von OmpA nach 240 min. Die Verzögerungszeit t_0 wurde angepasst, indem in Gleichung 2.1 t durch t - t_0 ersetzt wurde. Für jeden Ansatz wurden die Daten aus drei voneinander unabhängigen Messungen der Faltungskinetik gemittelt. Die Gleichung 2.1 wurde an die gemittelten Kinetiken angepasst, um dadurch die jeweiligen Parameter A_f, k_f und k_s der Faltungskinetik zu bestimmen. Werte mit zu hohen Standardabweichungen sind kursiv dargestellt. a) A_f, Anteil des schnelleren Faltungsprozesses an der Faltung von OmpA, b) k_f, Geschwindigkeitskonstante des schnelleren Faltungsprozesses, c) k_s, Geschwindigkeitskonstante des langsameren Faltungsprozesses. d) t_0, Verzögerungsphase bis zum Start der Faltung.

Um diese Daten vergleichen zu können, wurden die Faltungsexperimente in Gegenwart von DLPC durchgeführt. Dieses Lipidsystem ist leichter zu verstehen, da es nur aus einer Art von Lipid aufgebaut ist.

In diesem Experiment war es möglich alle Daten in Abwesenheit der BAM-Komponenten zu bestimmen (Tabelle 3.7). Diese waren im Vergleich zu Messungen in DLPC:DLPE:DLPG (5:3:2) höher, so dass A_f und k_f im Temperaturbereich von 10 °C bis 45 °C jeweils zunahmen. Auch die langsame Faltungsphase k_s war in DLPC schneller, allerdings nach wie vor von der Temperatur unabhängig. Korrespondierend verhielten sich die Parameter in Anwesenheit von BamB bzw. BamD (Abb. 3.13, C-F, Tabelle 3.7). Wie bereits die Experimente mit DLPC:DLPE:DLPG (5:3:2) demonstrierten, führte die Gegenwart der BAM-Komponenten mit ansteigender Temperatur zu verbesserten A_f -, k_f -und k_s-Werten. Zudem war zu erkennen, dass die Abwesenheit von PE und PG die Faltung von OmpA in Gegenwart von BamB förderte (Abb. 3.13, C-D). Erreichte OmpA bei 30 °C in DLPC:DLPE:DLPG (5:3:2) nach 30 min nur eine Faltungsausbeute von ca. 60 %, steigerte sich dies in DLPC auf 93 % (siehe Abschnitt 3.4.5). In Gegenwart von BamD wich die Fitfunktion bei 35 °C und 40 °C von den gemessenen Werten ab, allerdings betraf dies nur die k_s-Werte.

Die ermittelten Resultate demonstrierten, dass die Geschwindigkeitskonstante k_f des schnelleren Faltungsprozesses von der Temperatur abhängig ist, während die Geschwindigkeitskonstante k_s des langsameren Faltungsprozesses temperaturunabhängig zu sein scheint. Zusätzlich nahmen A_f, k_f und k_s in Anwesenheit von BamB bzw. BamD zu. Darin kommt zum Ausdruck, dass die Faltung von OmpA in die Membran durch BamB und BamD erleichtert wird.

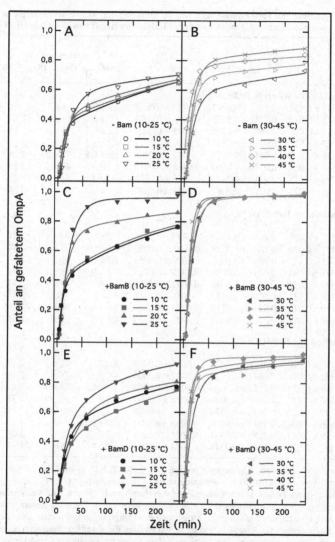

Abb. 3.13 Kinetische Analysen zur Ermittlung der Aktivierungsenergie der Faltung von OmpA in Abhängigkeit von BamB und BamD in DLPC. In Harnstoff entfaltetes OmpA (5 µM) wurde in Membranen aus DLPC (LUVs) rückgefaltet. Es wurden drei Faltungsreaktionen parallel durchgeführt: in Abwesenheit von BamB und BamD (A und B) oder in Anwesenheit von BamB (C und D) oder BamD (E und F). Die Konzentrationen von BamB oder BamD waren je 10 µM. Die Faltungskinetiken wurden in einem Zeitraum von 4-240 min bei verschiedenen Temperaturen (10 bis 45 °C) und bei pH 8 gemessen. Das molare Lipid/OmpA-Verhältnis war 200. Die Studien wurden nach Abschnitt 2.3.2 ausgewertet. Es wurden jeweils drei voneinander unabhängige Messungen gemittelt.

Tabelle 3.7 Analyse von Faltungskinetiken zur Bestimmung der Aktivierungsenergie des Faltungsprozesses von OmpA und dem Einfluss von BamB bzw. BamD in DLPC.

T in °C	$A_f{}^a$	$k_f{}^b$ (min^{-1})	$k_s{}^c$ (min^{-1})	t0^d (min)	Ausbeute (%)	ln (k_f)	T^{-1} $10^{-3}K^{-1}$
In Abwesenheit von BamB/D, DLPC							
10	0,348 ± 0,024	0,1381 ± 0,0327	0,0027 ± 0,0003	2,9 ± 0,6	65 ± 2	- 1.98	3,53
15	0,382 ± 0,015	0,1031 ± 0,0125	0,0025 ± 0,0002	2,2 ± 0,4	65 ± 1	- 2.27	3,47
20	0,431 ± 0,026	0,0686 ± 0,0109	0,0023 ± 0,0003	1,2 ± 0,7	68 ± 5	- 2.68	3,41
25	0,577 ± 0,077	0,0470 ± 0,0120	0,0015 ± 0,0012	4,2 ± 1,1	71 ± 3	- 3.06	3,35
30	0,578 ± 0,053	0,0644 ± 0,0134	0,0017 ± 0,0008	3,6 ± 0,8	74 ± 5	- 2.74	3,30
35	0,688 ± 0,060	0,0778 ± 0,0167	0,0015 ± 0,0013	4,1 ± 0,7	80 ± 5	- 2.55	3,25
40	0,759 ± 0,037	0,0739 ± 0,0142	0,0016 ± 0,0010	-3,4± 1,5	85 ± 6	- 2.61	3,19
45	0,785 ± 0,021	0,0714 ± 0,0045	0,0028 ± 0,0007	2,9 ± 0,2	89 ± 1	- 2.64	3,14
In Anwesenheit von BamB, DLPC							
10	0,397 ± 0,029	0,1096 ± 0,0247	0,0039 ± 0,0004	2,2 ± 0,7	77 ± 4	- 2.21	3,53
15	0,417 ± 0,020	0,1440 ± 0,0224	0,0041 ± 0,0003	3,1 ± 0,4	76 ± 2	- 1.94	3,47
20	0,725 ± 0,052	0,0649 ± 0,0098	0,0029 ± 0,0013	3,7 ± 0,5	86 ± 6	- 2.74	3,41
25	0,951 ± 0,095	0,0491 ± 0,0099	*0,0009 ± 0,0113*	4,2 ± 0,9	98 ± 2	- 3.01	3,35
30	0,974 ± 0,053	0,0647 ± 0,0088	*0,0002 ± 0,0012*	3,9 ± 0,5	98 ± 3	- 2.74	3,30
35	0,924 ± 0,133	0,0769 ± 0,0185	*0,0080 ± 0,0166*	4,0 ± 0,6	99±0.1	- 2.57	3,25
40	0,960 ± 0,046	0,0945 ± 0,0110	*0,0038 ± 0,0093*	3,9 ± 0,3	99±0.1	- 2.36	3,19
45	0,963 ± 0,077	0,1169 ± 0,0264	*0,0023 ± 0,0159*	4,1 ± 0,5	99±0.1	- 2.15	3,14
In Anwesenheit von BamD, DLPC							
10	0,475 ± 0,048	0,0616 ± 0,0126	0,0038 ± 0,0006	3,0 ± 0,7	77 ± 3	- 2.79	3,53
15	0,392 ± 0,044	0,0641 ± 0,0142	0,0037 ± 0,0005	4,0 ± 0,7	76 ± 2	- 2.75	3,47
20	0,599 ± 0,022	0,0325 ± 0,0016	0,0031 ± 0,0003	2,8 ± 0,2	81 ± 1	- 3.43	3,41
25	0,510 ± 0,037	0,0657 ± 0,0076	0,0078 ± 0,0007	3,2 ± 0,3	93 ± 1	- 2.72	3,35
30	0,843 ± 0,055	0,0637 ± 0,0079	0,0045 ± 0,0026	3,5 ± 0,4	95 ± 2	- 2.75	3,30
35	0,836 ± 0,101	0,1112 ± 0,0350	*0,0038 ± 0,0052*	4,0 ± 0,7	97 ± 2	- 2.20	3,25
40	0,978 ± 0,089	0,1288 ± 0,0364	*0,0011 ± 0,0284*	4,2 ± 0,6	99 ± 1	- 2.05	3,19
45	0,852 ± 0,030	0,1464 ± 0,0144	0,0073 ± 0,0024	3,2 ± 0,2	98±0.1	- 1.92	3,14

OmpA wurde in An- und Abwesenheit von BamB bzw. BamD jeweils im Verhältnis 1:2 OmpA/BamB bzw. OmpA/BamD in vorpräparierte Lipid-Doppelschichten (DLPC, LUVs) gefaltet. Die Faltungsausbeute bezieht sich auf die Faltung von OmpA nach 240 min. Die Verzögerungszeit t_0 wurde angepasst, indem in Gleichung 2.1 t durch t - t_0 ersetzt wurde. Für jeden Ansatz wurden die Daten aus drei voneinander unabhängigen Messungen der Faltungskinetik gemittelt. Die Gleichung 2.1 wurde an die gemittelten Kinetiken angepasst, um dadurch die jeweiligen Parameter A_f, k_f und k_s der Faltungskinetik zu bestimmen. Werte mit zu hohen Standardabweichungen sind kursiv dargestellt. a) A_f, Anteil des schnelleren Faltungsprozesses an der Faltung von OmpA, b) k_f, Geschwindigkeitskonstante des schnelleren Faltungsprozesses, c) k_s, Geschwindigkeitskonstante des langsameren Faltungsprozesses. d) t_0 Verzögerungsphase bis zum Start der Faltung.

Mutmaßlich führt die Anwesenheit von BamB bzw. BamD zur erleichterten Überwindung einer Energiebarriere, indem sie diese herabsetzen und somit den Faltungsprozess von OmpA kinetisch fördern.

Zur Veranschaulichung wurde der Anteil an der schnellen Faltungsphase A_f gegen die Temperatur in °C in An- und Abwesenheit der BAM-Komponenten aufgetragen (Abb. 3.14). Die Grafik verdeutlicht die Zunahme von A_f mit steigender Temperatur und den erleichterten Effekt an der Faltung von OmpA in die Membran in Gegenwart von BamB bzw. BamD.

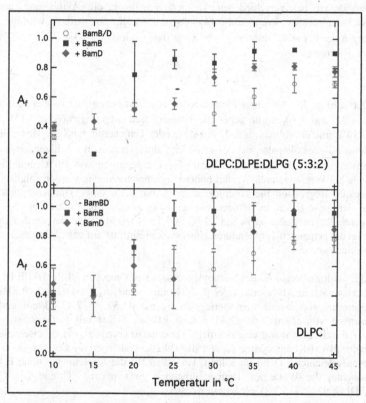

Abb. 3.14 Anteil an der schnellen Faltungsphase A_f als Funktion der Temperatur in An- und Abwesenheit von BamB bzw. BamD. Vergleichend ist A_f für zwei verschiedene Lipid-zusammensetzungen mit DLPC:DLPE:DLPG (5:3:2) (aus Tabelle 3.6) und DLPC (aus Tabelle 3.7) dargestellt, die im 200-fachen Überschuss zu OmpA hinzugefügt wurden. Das Experiment erfolgte bei einem pH von 8. A_f-Werte dessen Standardabweichungen höher sind als der eigentliche gemessene Wert wurden nicht berücksichtigt.

Die Aktivierungsenergie E_A kann im Weiteren mit Hilfe der empirischen Arrhenius-Gleichung ermittelt werden.

$$\ln(k_f) = -\frac{E_A}{R} \cdot \frac{1}{T} + \ln(k_0) \quad \text{bzw.} \quad k = k_0 \exp(-E_A/RT) \tag{3.1}$$

Dabei ist R die universelle Gastkonstante mit 8,314462 J/molK. Die Gleichung beschreibt einen linearen Zusammenhang zwischen dem Logarithmus der Geschwindigkeitskonstante k und dem Kehrwert der Temperatur T. Durch Untersuchungen bei verschiedenen Temperaturen kann die Aktivierungsenergie empirisch ermittlet werden, indem $ln(k_f)$ gegen $1/T$ auftragen wird. E_A wird aus der Steigung b der linearen Funktion $y = b \cdot x + a$ [mit $y = \ln(k_f)$, $b = -E_A/R$, $x = 1/T$ und $a = \ln(k_0)$] berechnet:

$$E_A = -Rb \tag{3.2}$$

Zur Darstellung des Arrhenius-Plots wurden alle ermittelten $\ln(k_f)$-Wert aus den Tabellen 3.6 und 3.7 reziprok gegen die Temperaturen aufgetragen (Abb. 3.15). Aus Abb. 3.14 wurde ersichtlich, dass A_f mit steigender Temperatur zunahm. Die ermittelte Geschwindigkeits-konstante k_f des schnellen Faltungsprozesses war hingegen in Ab- und Anwesenheit von BamB bzw. BamD bei Temperaturen von 10 °C und 15 °C höher als bei vergleichbaren Werten höherer Temperaturen. Sie wurden folglich bei der linearen Regression nicht berücksichtigt (Abb. 3.15, eingeklammerte Punkte). Sollten sich diese Daten reproduzieren lassen ist es möglich, dass die Fitfunktion bei niedrigeren Temperaturen zwischen 10 °C und 15 °C nicht verwendet werden kann, oder dass die genannten Temperaturen einen starken Einfluss auf das Lipidsystem oder die Proteine haben.

Die Aktivierungsenergie E_A des Faltungsprozesses von OmpA in DLPC:DLPE:DLPG (5:3:2) entsprach in Abwesenheit der BAM-Komponenten E_A = 64,02 ± 2,49 kJ/mol. In Gegenwart von BamB verringerte sich E_A auf 41,57 ± 12,47 kJ/mol und in Anwesenheit von BamD auf 32,43 ± 6,65 kJ/mol. Selbst mit Einbeziehung der Standardabweichungen war eine deutliche Tendenz zu erkennen, die veranschaulicht, dass beide BAM-Komponenten separat die Faltung und Insertion von OmpA in die Membran erleichtern. Dennoch sollten, vor allem für die Experimente ohne BAM-Komponente, die Werte im Temperaturbereich zwischen 10 °C und 25 °C in DLPC:DLPE:DLPG (5:3:2) wiederholt werden.

Die Faltung von OmpA in DLPC ohne BAM-Komponente resultierte in einer Aktivierungsenergie E_A von 7,48 ± 6,65 kJ/mol. Folglich wurde E_A in Abwesenheit der Lipide DLPE und DLPG deutlich herabgesetzt. In Gegenwart von BamB erhöhte sich E_A auf 22,45 ± 5,82 kJ/mol und auf 22,45 ± 7,48 kJ/mol in Anwesenheit von BamD. Diese Kontroverse, zwischen der Faltung von OmpA in An- und Abwesenheit beider BAM-Komponenten in verschiedenen Lipidsystemen, wird in Abschnitt 4.6 diskutiert.

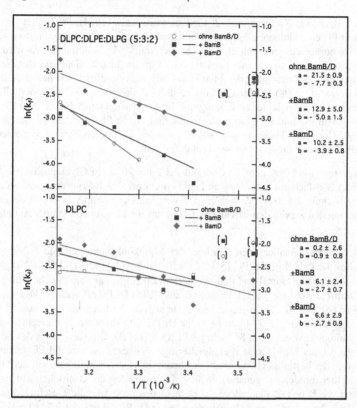

Abb. 3.15 Arrhenius-Plot zur Bestimmung der Aktivierungsenergie E_A des Faltungsprozesses von OmpA in die Membran. Das Experiment ist in den Legenden der Abb. 3.11 und Abb. 3.12 näher beschrieben und wurde in DLPC:DLPÈ:DLPG im Verhältnis 5:3:2 (obere Grafik) und DLPC (untere Grafik) durchgeführt. Die ermittelten k_f-Daten und Temperaturen zur Darstellung dieser Grafik wurden den Tabellen 3.6 und 3.7 entnommen. Die Studien wurden nach Gleichung 3.1 ausgewertet, ln (k_f) reziprok gegen die Temperatur geplottet und nach $y = a + bx$ gefittet. Ausgenommen sind die eingeklammerten Punkte. Dies wurde im vorigen Abschnitt begründet. Die ermittelten ln (k_f)-Werte sind ebenfalls in den Tabellen 3.6 und 3.7 aufgeführt.

3.4.5 Untersuchungen zu elektrostatischen Einflüssen auf die Faltung von OmpA

Studien zur Aufklärung der benötigten Aktivierungsenergie für den Faltungsprozess von OmpA (siehe Abschnitt 3.4.4) ergaben, dass eine Lipidmembran aus DLPC, DLPE und DLPG im Verhältnis 5:3:2 die Faltung von OmpA zu Beginn der Messung erschwerte. Lipide mit einer PE-Kopfgruppe bilden eine Barriere, die die Faltung von Proteinen in die Membran in Abwesenheit des BAM-Komplexes verhindert (Patel *et al.* 2009, Patel und Kleinschmidt, 2013, Gessmann *et al.* 2014). PE besitzt im Vergleich mit PC eine kleinere Kopfgruppe und kann Wasserstoffbindungen mit verschiedenen Aminosäureresten durch die ionisierbare Aminogruppe aufbauen. Es wird vermutet, dass PE gemeinsam mit benachbarten Lipiden in der Membran den Seitendruck, der für die Krümmung der Membran nötig ist, beeinflusst. (Birner *et al.* 2001, van Meer *et al.* 2008). Demnach müsste die Eliminierung von PE innerhalb der Membran zu einer erleichterten Faltung und Insertion von OmpA führen oder die Eliminierung von PG und PC eine totale Inhibierung durch PE bewirken (siehe Patel *et al.* 2009). Um diese These zu untersuchen, wurden im Folgenden drei verschiedene Lipidzusammensetzungen verwendet und verglichen.

Das Experiment erfolgte gemäß Abschnitt 2.3.2 bei 30 °C in Glycinpuffer bei pH 8 und einem 200-fachen Überschuss an Lipid zu OmpA. Nach Ermittlung der Stöchiometrie (Abschnitt 3.4.2) erwies sich ein 1:2 Verhältnis von OmpA zu BamB am effizientesten, um den maximalen Effekt von BamB auf die Faltung von OmpA zu untersuchen.

Abb. 3.16 veranschaulicht den Einfluss der Lipidkopfgruppe auf die Faltung von OmpA, mit DLPC:DLPE:DLPG (5:3:2), DLPG:DLPC (1:1) und DLPC im Vergleich. In Abwesenheit von BamB und dem zwitterionischen PE war eine Zunahme an gefaltetem OmpA sowohl für das 1:1 Verhältnis aus DLPG:DLPC als auch für DLPC allein erkennbar (Abb. 3.16, A). Insgesamt steigerte sich die Faltungsausbeute von 52 % in DLPC:DLPE:DLPG (5:3:2) über 74 % in DLPC und mündete in einer maximalen OmpA-Faltungsausbeute von 86 % in DLPC:DLPG (1:1). Die Gegenwart des negativ geladenen Lipids DLPG und die gleichzeitige Abwesenheit von DLPE resultierte demnach in der bestmöglichen Faltungsausbeute. Die Geschwindigkeit, mit der OmpA faltet, ist hier mindestens genauso wichtig. Dies belegten die ermittelten kinetischen Parameter A_f, k_f und k_s (Tabelle 3.8). Dementsprechend war die Geschwindigkeitskonstante k_f des schnelleren Faltungsprozesses in DLPC:DLPG mit 0,3449 min^{-1} am höchsten, während k_f für Lipide der Zusammensetzung DLPC:DLPE:DLPG (5:3:2) mit 0,020 min^{-1} am geringsten war.

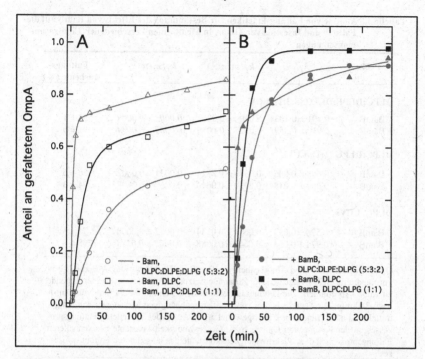

Abb. 3.16 Faltung von OmpA in LUVs verschiedener Lipidzusammensetzungen. In Harnstoff entfaltetes OmpA (5 µM) wurde in Abwesenheit (**A**) bzw. in Anwesenheit (**B**) von BamB (10 µM) in Membranen verschiedener Lipidzusammensetzungen (LUVs) rückgefaltet. Verwendet wurde das Lipid DLPC (□ bzw. ■), eine 1:1 Lipidzusammensetzung aus DLPC und DLPG (Δ bzw. ▲) und eine 5:3:2 Lipidzusammensetzung aus DLPC:DLPE:DLPG (○ bzw. ●). Die Kinetiken wurden in einem Zeitraum von 4-240 min bei 30 °C und pH 8 durchgeführt und die Lipide im 200-fachen Überschuss zu OmpA hinzugefügt. Die Studien wurden nach Abschnitt 2.3.2 ausgewertet.

In Lipidmembranen, die aus zwitterionischen und insgesamt neutralen Lipiden aufgebaut sind wie z.B. DLPC, wurde die Faltung von OmpA in die Membran in An- und Abwesenheit von BamB erleichtert. Die Eliminierung von DLPE in der Membran führte zu verbesserten Faltungsausbeuten von OmpA und deckt sich mit der zu Beginn erläuterten These, die nach Patel *et al.* 2009, Patel und Kleinschmidt 2013, sowie Gessmann *et al.* 2014 vermutet wurde.

Tabelle 3.8 Analyse von Faltungskinetiken zur Bestimmung des Effekts von BamB auf die Faltung und Insertion von OmpA in Membranen verschiedener Lipidzusammensetzungen

Probe	A_f [a]	$k_f (min^{-1})$ [b]	$k_s (min^{-1})$ [c]	Faltungs-ausbeute (%)
DLPC:DLPE:DLPG (5:3:2), LUVs				
- BamB	0,491 ± 0,103	0,0200 ± 0,0054	*0,0002 ± 0,0009*	52 ± 1
+ BamB	0,910 ± 0,059	0,0327 ± 0,0039	*0,0002 ± 0,0034*	91 ± 6
DLPC:DLPG (1:1), LUVs				
- BamB	0,698 ± 0,006	0,0349 ± 0,0324	0,0031 ± 0,0002	86 ± 6
+ BamB	0,667 ± 0,018	0,0330 ± 0,0046	0,0067 ± 0,0008	94 ± 3
DLPC, LUVs				
- BamB	0,578 ± 0,053	0,0644 ± 0,0134	0,0017 ± 0,0008	74 ± 5
+ BamB	0,974 ± 0,053	0,0647 ± 0,0088	*0,0002 ± 0,0123*	98 ± 3

OmpA wurde in An- und Abwesenheit von BamB im Verhältnis OmpA/BamB 1:2 in vorpräparierte LUVs verschiedener Zusammensetzungen gefaltet, wie in der Legende zu Abb. 3.16 erläutert. Die Faltungsausbeute bezieht sich auf die Faltung von OmpA nach 240 min. Die Daten aus drei voneinander unabhängigen Messungen wurden gemittelt und nach Gleichung 2.1 ausgewertet. a) A_f, Anteil des schnelleren Faltungsprozesses an der Faltung von OmpA, b) k_f, Geschwindigkeitskonstante des schnelleren Faltungsprozesses, c) k_s, Geschwindigkeitskonstante des langsameren Faltungsprozesses.

3.5 Interaktionsanalysen von BamB mit der Lipidmembran

Da BamB vermutlich mit Hilfe eines Lipidankers in der Lipidmembran verankert ist, sollte nachfolgend die Interaktion von wt-BamB mit dieser studiert werden. Nach Abschnitt 2.3.4 wurde BamB in Gegenwart verschiedener Lipidzusammensetzungen untersucht und die Lipid/Protein-Stöchiometrie in Lösung ermittelt.

BamB besitzt insgesamt neun Trp-Reste, die gleichmäßig im Protein verteilt vorliegen (siehe Abb. 3.17). Folglich kann keinerlei Aussage über die exakte Position der Interaktion mit der Lipidmembran getroffen werden.

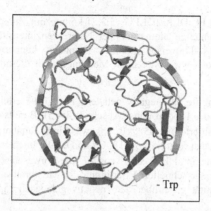

Abb. 3.17 Kristallstruktur von BamB und die Position der Tryptophane im Protein. Jeder Flügel der β-Propellerstruktur (grün), der aus je vier β-Faltblättern aufgebaut ist, besitzt exakt einen Trp-Rest (in rot markiert). Zusätzlich enthält der IL2, eine β-Schleife, einen einzelnen Trp-Rest. Die Sekundärstruktur wurde mit der Grafiksoftware PyMol in 3D nach der PDB-Struktur 2YH3 (Albrecht und Zeth 2011) erstellt.

Die kinetischen Studien (Abschnitt 3.4.5) und CD-Spektren (Abschnitt 3.3.1) demonstrierten, dass BamB sowohl in Anwesenheit von DLPC als auch in Gegenwart von DLPC:DLPE:DLPG (5:3:2) als Faltungshelferprotein fungiert und daher in seine funktionell aktive Struktur gefaltet wurde. In Gegenwart von DLPC:DLPG (1:1) und in Kombination mit BamB wurde die Insertion und Faltung von OmpA inhibiert, so dass der Effekt von BamB als Faltungshelferprotein verloren ging. Dementsprechend wurde die Lipid/Protein-Stöchiometrie mit verschiedenen molaren Verhältnissen in Gegenwart von DLPC, DLPC:DLPG (1:1) und DLPC:DLPE:DLPG (5:3:2) analysiert, um mögliche Unterschiede in der Assoziation mit der Membran zu identifizieren. Zusätzlich wurde die Interaktion mit dem negativ geladenen Lipid DLPG studiert. Die Fluoreszenz von BamB wurde in Glycinpuffer (pH 8) bei einer Extinktionswellenlänge von 295 nm angeregt und die Emission zwischen 310 und 400 nm erfasst. Abb. 3.18 zeigt die Fluoreszenzspektren, d.h. die ermittelten Fluoreszenzintensitäten, die als Funktion der Wellenlänge dargestellt sind. Das Maximum des Fluoreszenzspektrums liegt jeweils bei ca. 330 nm. Die Abwesenheit der Lipide resultierte in der geringsten ermittelten Fluoreszenzintensität von $F_{330} = 0,95 \times 10^6$ cps. Im Kontrast dazu wurde die Zunahme der Fluoreszenzintensität bei Zugabe von DLPC von $F_{330} = 0,97 \times 10^6$ cps bei einem 100-fachen Überschuss bis $F_{330} = 1,01 \times 10^6$ cps bei einem 1200-fachen Überschuss deutlich. Ab einem molaren Lipidüberschuss von $n = 577 \pm 125$ ging die Bindung in eine Sättigung über (Abb. 3.18, A und B). Die hohen Standardabweichungen dieser Studie sind auf den nur geringen Einfluss des Lipids zurückzuführen. Die Anwesenheit von DLPC führte lediglich zu einer maximalen Erhöhung der Fluoreszenzintensität von 6 %.

In Gegenwart von DLPC:DLPE:DLPG (5:3:2) konnte mit Zunahme des Lipidüberschusses keine gleichmäßige Steigerung der Fluoreszenzintensität ermittelt werden, die auf einen Trend hinweisen könnte. Demnach konnte die Lipid/Protein-Stöchiometrie auch nach wiederholenden Messungen mit diesem Lipidsystem nicht ermittelt werden.

Im Kontrast dazu hemmte das negativ geladene DLPG die erleichterte Faltung von OmpA in Gegenwart des Lipoproteins (Abschnitt 3.4.5). Bereits ein 25-facher Überschuss des Lipids resultierte in $1,05 \times 10^6$ cps, was einer Zunahme der Fluoreszenzintensität von ca. 11 % entspricht (Abb. 3.18, C und D). Die Intensität nahm mit steigendem Lipidanteil bis maximal $1,22 \times 10^6$ cps zu. Die Anwesenheit des Lipids DLPG führte insgesamt zu einer schnelleren Sättigung der Membran mit BamB. Dies lässt auf eine höhere Affinität gegenüber dem negativ geladenen Lipid mit $n = 42 \pm 9$ schließen.

Das Lipidverhältnis aus DLPC und DLPG (1:1) demonstrierte eine zweiphasige Bindung (Abb. 3.17, E und F). Offensichtlich bindet BamB zunächst an DLPG bis zu einer angedeuteten Sättigung bei einem Lipidverhältnis von $n \approx 150$ und einer Fluoreszenz-intensität von $1,24 \times 10^6$ cps. Allerdings wurde eine vollständige Sättigung in dem Bereich zwischen 150 und 900 noch nicht erreicht. Erkennbar war eine leichte Steigung der Fluoreszenzintensität um ca. 5 %. Demnach band BamB ab einem Lipidverhältnis von ca. 900 an DLPC, was die Fluoreszenzintensität auf bis zu $1,38 \times 10^6$ cps ansteigen ließ und bei $n \approx 1100$ in einer Sättigung endete. Die Gleichung 2.5 konnte für diese Studie nicht verwendet werden, so dass die ermittelten Stöchiometrien ohne Standardabweichung ermittelt wurden. In Anwesenheit der Lipide war keine offensichtliche Verlagerung des Spektrums (*blue-shift* oder *red-shift*) identifizierbar. In Gegenwart von DLPG verschob sich das Fluoreszenzmaximum um ca. 2 nm zu kürzeren Wellenlängen (*blue-shift*). Diese minimalen Verlagerungen waren in Anwesenheit von DLPG und DLPC:DLPG (1:1) nicht vorhanden.

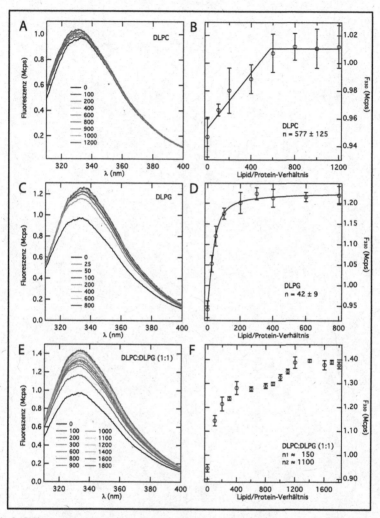

Abb. 3.18 Fluoreszenzspektren von BamB zeigen dessen Interaktion mit verschiedenen Lipidmembranen. Die Spektren von BamB zeigen eine Abhängigkeit vom molaren Lipid/BamB Verhältnis. Verwendet wurden Membranen aus DLPC (**A, B**), DLPG (**C, D**) und DLPC:DLPG im Verhältnis 1:1 (**E, F**), die in verschiedenen molaren Überchüssen zu BamB hinzugefügt wurden (siehe farbig markierte — Legenden). Die Trp-Fluoreszenz von 0,33 µM BamB wurde bei 295 nm angeregt und die Fluoreszenzintensität in Glycinpuffer bei pH 8 und 25 °C ermittelt. Diese wurde gegen die Wellenlänge aufgetragen und in einem Bereich zwischen 310 und 400 nm vermessen (**A, C, E**). Das Fluoreszenzmaximum liegt bei ca. 330 nm. Die Fluoreszenzintensität bei dieser Wellenlänge wurde in **B, D** und **F** gegen das molare Lipid/Protein-Verhältnis geplottet. Die Stöchiometrie n wurde durch eine Kurvenanpassung von Gleichung 2.5 an die gemessenen Daten identifiziert. Mit n = 42 ± 9 erweist sich BamB am affinsten gegenüber DLPG.

4. Diskussion

Die Assemblierung von OMPs in Gram-negativen Bakterien wird durch den BAM-Komplex reguliert, der sich aus dem konservierten β-Fassprotein BamA und den vier Lipoproteinen BamB, C, D und E zusammensetzt (Wu *et al.* 2005). Das Modellprotein OmpA wurde in dieser Arbeit verwendet, um dessen Faltung und Insertion in An- und Abwesenheit von verschiedenen BAM-Komponenten in vorpräparierte Lipid-Doppelschichten zu studieren, die als Modellmembranen dienten. Diese Arbeit verdeutlicht die Relevanz von BamB und seine Funktion in Bezug auf die Insertion und Faltung von OmpA in die OM von *E. coli.*

4.1 Die Formierung der Sekundärstruktur von BamB ist unabhängig von einer hydrophoben Umgebung

Für die Analysen zur Struktur und Funktion von BamB wurde zunächst die Proteinfaltung des Proteins untersucht, um eine korrekte Faltung zu gewährleisten und falsche Schlussfolgerungen bei funktionellen Studien nach Möglichkeit zu vermeiden. Die ermittelten CD-Spektren von wt-BamB resultierten in einem Ergebnis, das mit der Kristallstruktur vergleichbar war (≈ 6 % α-Helix, 37 % β-Faltblatt, 21 % β-Schleifen und 36 % *random coil*). Bereits Hartinger konnte nachweisen, dass BamB keine hydrophobe Umgebung benötigt, um in eine Sekundärstruktur zu falten, die den prozentualen Sekundärstrukturanteilen von BamB in Kristallen sehr weitgehend entspricht (Hartinger 2014). Diese Studien wurden bei einem pH-Wert von 9 in Borat-Puffer durchgeführt. Basierend auf den positiv (Arg, Lys) und negativ geladenen Aminosäuren (Asn, Asp, Glu) besitzt BamB einen pI von ca. 5,7. Dies bedeutet, dass BamB sowohl bei pH 7 als auch bei pH 9 negativ geladen ist, was in beiden Fällen nicht zur Aggregation des Proteins führte.

Der höhere Anteil an α-Helix könnte die Struktur der zwei Aminosäuren am N-Terminus repräsentieren, die nicht Teil der Kristallstruktur sind. Zum einen befinden sich α–helikale Strukturen nahe dem N-Terminus, C-terminal der Lipidation. Zum anderen ist es bei einem übexprimierten System denkbar, dass die Signalsequenz nicht abgetrennt wurde. Es kann vermutet werden, dass die Signalsequenz, die aus α-helikalen Strukturen aufgebaut ist, der Grund für den um 5-8 % erhöhten Anteil an α-Helices ist. Die Anwesenheit des Lipidankers sollte in Zukunft mittels Massenspektrometrie untersucht werden.

Nur in Gegenwart von DLPC:DLPG (1:1) wurde der Anteil an β-Strukturen um 5 % verringert. Dies entspricht etwa 19 Aminosäuren, die im Protein nicht korrekt gefaltet vorliegen. Bezüglich der Strukturdynamik von Proteinen und der relativ großen Anzahl an Aminosäuren (373), aus denen BamB aufgebaut ist, kann die Verringerung des β-Strukturanteils nicht als signifikant angenommen werden. Demnach waren

keinerlei Unterschiede zwischen den Lipiden festzustellen, so dass negative Ladungen
für die Strukturbildung von BamB nicht essentiell sind.

4.2 BamB und BamD erleichtern die Faltung und Insertion von OmpA in Lipidvesikel

Eine vorige Studie zur Analyse von BamB als mögliches Faltungshelferprotein von
OMPs zeigte widersprüchliche Ergebnisse, so dass der kinetische Einfluss auf die Faltung und Insertion von OMPs weiter unklar blieb (Hartinger 2014). Bereits 2013 konnte A. Schneider den positiven Effekt von BamD auf die Faltung von OmpA in Dioleoylphospholipide (SUVs) und Dilaroylphospholipide (LUVs) demonstrieren
(Schneider 2013). Jedoch konnte kein Unterschied in der Faltungsausbeute oder Faltungskinetik zwischen beiden Lipidsystemen identifiziert werden.

Die vorliegende Studie präsentierte weitere Ergebnisse, gab Aufschluss über die Bedeutung von BamB und BamD bei der Faltung des Modelproteins OmpA in SUVs und
LUVs und präzisierte die Unterschiede zwischen beiden Lipidsystemen.

Die Kinetiken in dieser Studie wurden bei einem pH von 8 durchgeführt. Bei einem
basischen pH-Wert wird die schnelle Faltungsphase von OmpA unterstützt (Patel *et al.*
2009). Dies basiert auf der negativen Ladung des Proteins bei einem pI von 5,5, was
zu einer verbesserten Löslichkeit des Proteins führt. Die langsame Faltungsphase do-
miniert hingegen bei pH-Werten, die sich dem pI annähern. Alle ermittelten Resultate
bestätigten und verdeutlichten die Dominanz der schnellen gegenüber der langsamen
Faltungsphase.

Die Auswahl von SUVs für langkettige Lipide bzw. von LUVs für kurzkettige Lipide
ist durch frühere Studien zur Faltung von OmpA begründet (Surrey and Jähnig, 1992,
Kleinschmidt und Tamm, 1996, 2002). Mit Zunahme der Membrandicke wird es für
OmpA schwieriger die Energiebarriere, die notwendig ist, um in die Membran zu inserieren, zu überwinden. Die hydrophobe Transmembranregion von OmpA besitzt, analog zu anderen transmembranen β-Faltblattproteinen, eine Dicke von ca. 20 Å (Pautsch
und Schulz, 2000). Dies ist ähnlich der aus Dilaroylphospholipiden (LUVs) bestehenden Membran, die eine Dicke von ca. 19,5 Å besitzt (Lewis und Engelman, 1983).
Folglich passt die Trans-membranregion von OmpA perfekt in diese Membran, was
eine erleichterte Faltung von OmpA in LUVs zur Folge hat. Lipide, die aus mehr als
14 C-Atomen aufgebaut sind, bilden eine Membran mit einer Dicke von ca. 23 Å oder
mehr, so dass dies entweder eine Komprimierung der Membran oder einer Streckung
der Transmembranregion zur Folge hat (Kleinschmidt und Tamm, 2002).

SUVs bezeichnen Lipidmodellmembranen, die aufgrund ihres geringeren Durchmes-
sers von zwischen 25 nm und 35 nm, eine höhere Krümmung besitzen. Studien zeigten, dass die Faltung in Lipidvesikel mit einem geringeren Durchmesser bevorzugt
wird (Pocanschi *et al.* 2006). Dadurch kann OmpA in SUVs aus Dioleoylphospho-

lipiden falten. Die reduzierte Aktivierungsenergie wird vermutlich durch die Art der Herstellung via Ultraschall bereitgestellt und in der Membran gespeichert.

Zur besseren Reproduzierbarkeit sollten kinetische Studien mit LUVs durchgeführt werden. Aufgrund der Präparation besitzen die Vesikel eine einheitliche Größe von ca. 100 nm und die Faltung von Membranproteinen in OM von *E. coli* erfolgt nachweislich mit einer höheren Ausbeute. Zusätzlich sind SUVs metastabil und können fusionieren, so dass die Reproduzierbarkeit als auch die Variabilität der Vesikel begrenzter ist. Auch wenn sich SUVs und LUVs *in vitro* Analysen gut eignen, spiegeln sie die natürliche OM von *E. coli* nicht exakt wieder. *In vivo* besitzt die OM eine andere Lipidzusammensetzung (80 % PE, 20 % PG), einen zusätzlichen Proteinanteil und Lipopolysaccharide. Dieses erschwert zusätzlich die Faltung von OMPs in die Membran, so dass *in vivo* weitere Chaperone notwendig sind.

Die vorliegende Studie demonstrierte vergleichbare Resultate für das als nicht-essentiell geltende Lipoprotein BamB und das essentielle Lipoprotein BamD. Beide Proteine führten bei Anwesenheit *in vitro* zu einer erleichterten Faltung und Insertion von OmpA in Lipidvesikel. BamD gilt vermutlich als essentiell für das Wachstum der Zelle, da es direkt mit BamC und BamE interagiert. Diese Lipoproteine bauen einen stabilen Subkomplex auf, der über BamD mit BamA assoziiert ist (Rigel *et al.* 2012). Auch wenn BamB für die Zellvariabilität nicht essentiell ist, konnte es als potentielles Faltungshelferprotein identifiziert werden, das für die Faltungskinetik von OMPs entscheidend ist.

4.3 *In vitro*-Studien lassen eine 1:1-Stöchiometrie von BamB und OmpA vermuten

Um die Faltungskinetiken von OmpA durchzuführen, ist ein BamB/OmpA-Verhältnis notwendig, dass die Faltung und Insertion von OmpA am effizientesten erleichtert. Für alle BAM-Komponenten werden *in vivo* gleiche Stöchiometrien vermutet, was in einem 1:1:1:1:1-Verhältnis resultiert (Albrecht und Zeth 2011, Noinaj *et al.* 2012). Lichtstreuungs-experimente deuten darauf hin, dass BamB einen Monomer in Lösung bildet (Noinaj *et al.* 2012). Die hier ermittelte BamB/OmpA-Stöchiometrie lag im Mittel bei 1,0725 ± 0,4505 und basierte auf *in vitro*-Analysen. Bezüglich dieser Studie wird eine 1:1-Stöchiometrie zwischen BamB und OmpA vermutet. Analog zu vorigen Experimenten mit BamD (Schneider 2013) wird die maximale Faltungsausbeute von OmpA bei einem 2:1 BamB/OmpA-Verhältnis erreicht. Dieses sollte für weitere Experimente verwendet werden, um eine optimale Beschleunigung der Faltung von OmpA in Anwesenheit von BamB zu gewährleisten.

4.4 Keine endgültige Aussage zu Kooperationen zwischen den BAM-Komponenten möglich

Alle Lipoproteine des BAM-Komplexes sind mit der periplasmatischen Seite der OM assoziiert und binden direkt oder indirekt an BamA. Nachweislich interagiert BamB direkt über die POTRA-Domänen P2-P5 mit BamA (Kim *et al.* 2007, Noinaj *et al.* 2012). BamB und BamD interagieren indirekt über BamA und OMPs, indem sie gemeinsam die Faltung und Insertion von OMPs in die Membran fördern (Hagan *et al.* 2013). Als essentielle BAM-Komponente ist BamD für die korrekte Assemblierung verantwortlich und/oder dirigiert OMPs zur OM von *E. coli* (Malinverni *et al.* 2006, Dong *et al.* 2012).

Insgesamt förderte die periplasmatische Domäne von BamA die Faltung von OmpA in einem höheren Maß als BamB (Abschnitt 3.4.3). Die vorliegenden *in vitro*-Daten demonstrierten jedoch keine signifikanten Ergebnisse, so dass diese nur mit Vorsicht diskutiert werden sollten und weder Analysen wiederlegt noch bestätigt werden können. Eine Kooperation konnte weder für BamB und die periplasmatischen Domäne von BamA noch für BamB und BamD verifiziert werden. Vermutungen voriger Studien deuten darauf hin, dass BamB als Gerüst dient, um die flexible periplasmatische Domäne von BamA für die Interaktion mit anderen BAM-Komponenten, Chaperonen oder OMPs zu orientieren und damit die Integration von OMPs in die OM erleichtert (Noinaj *et al.* 2012). Die enormen Unterschiede zwischen SUVs und LUVs, wie in Abschnitt 4.2 diskutiert, waren bei der Durchführung dieser Kooperationsstudie noch nicht zu erwarten. Die Lipid-Doppelschichten langkettiger Phospholipide mit Oleoylfettsäureketten (SUVs) scheinen nicht das geeignete Modellsystem für diese Studie zu sein, so dass das Experiment mit LUVs wiederholt werden sollte.

4.5 BamB und BamD reduzieren die Aktivierungsenergie der Faltung und Insertion von OmpA in DLPC:DLPE:DLPG (5:3:2)

Nach Kleinschmidt *et al.* 2011 und Patel und Kleinschmidt 2013 liegt die Vermutung nahe, dass die BAM-Komponenten die Aktivierungsenergie, die für die Faltungsreaktion benötigt wird, reduzieren und somit die Integration von OMPs in die Membran erleichtern (Kleinschmidt *et al.* 2011, Patel und Kleinschmidt 2013). Die kinetischen Studien repräsentierten eine langsame und schnelle Faltungsphase, wobei Letztere als temperatur-abhängig identifiziert werden konnte. Die hier aufgeführten Ergebnisse verdeutlichen, dass beide BAM-Komponenten die Aktivierungsenergie in DLPC:DLPE:DLPG (5:3:2) herabsetzen, so dass die Faltung und Insertion von OmpA erleichert wird und die Reaktion schneller verläuft. Dabei reduzierte BamD die Aktivierungsenergie des Faltunsprozesses um ca. 50 %, während in Gegenwart von BamB die Energiebarriere um ca. 36 % reduziert wurde.

Die Faltung von OmpA in DLPC ohne BAM-Komponente resultierte in einer Reduzierung der Aktivierungsenergie von ca. 89 %, die nur auf die Wahl des Lipidsystems ohne DLPE und DLPG zurückführen ist. In Gegenwart von BamB und BamD erhöhte sich E_A auf das dreifache. Dieses konträre Ergebnis lässt sich ebenfalls durch das gewählte Lipidsystem aus DLPC erklären. Die Parameter der Kinetik (Tabellen 3.6 und 3.7) verdeutlichten bei DLPC, dass bereits in Abwesenheit der BAM-Komponenten der Parameter k_f sein Maximum bei ca. 35 °C erreicht hatte. Folglich hatten höhere Temperaturen keinerlei additiven Einfluss mehr auf den schnellen Faltungprozess, charakterisiert durch k_f, von OmpA, da die nötige Barriere bereits überschritten wurde. Dadurch konnte der $\ln(k_f)$-Wert nicht positiver werden und die negative Steigung der Geraden nicht mehr zunehmen. Das dreifache Lipidsystem aus DLPC:DLPE:DLPG (5:3:2) ist temperaturabhängiger, da es für die Insertion von OmpA inhibierend wirkt, wodurch k_f konstant mit steigender Temperatur zunahm. Folglich stellt DLPC kein geeignetes Lipidsystem dar, um die Aktivierungsenergie des Faltungsprozesses von OmpA in Gegenwart von BamB und BamD zu bestimmen.

Die ermittelte Aktivierungsenergie für die Faltung von OmpA in Gegenwart von BamD sank in DLPC im Vergleich zu DLPC:DLPE:DLPG (5:3:2) um 31 %. Hingegen wurde E_A in Anwesenheit von BamB in DLPC um 47 % reduziert. Dies könnte auf die Abwesenheit des negativ geladenen DLPG zurückführen sein, dass BamD für die erleichterte Insertion von OMPs in die Membran benötigt (Schneider 2013). Diese Resultate lassen einen katalytischen Effekt von BamB und BamD auf die Faltung und Insertion von OmpA vermuten, auch weil die Parameter A_f und k_f in Gegenwart der Lipoproteine zunahmen.

4.6 BamB inhibiert die Faltung und Insertion von OmpA in Gegenwart von negativ geladenen Lipiden

Die Faltungskinetiken und -ausbeuten von gefaltetem OmpA hängen stark von Eigenschaften wie der Lipidmembran (Kleinschmidt und Tamm, 2002), der Temperatur (Kleinschmidt und Tamm, 1999) oder dem pH-Wert (Surrey und Jähnig, 1995) ab. Nach Studien zur Membrandicke (Abschnitt 4.2) sollte in diesem Abschnitt der Einfluss der Lipidkopfgruppe und Ladung der Membran diskutiert werden.

OMPs können bereits in vitro ohne die Anwesenheit von BAM-Komponenten in ihren nativen Zustand falten (siehe Kinetiken ohne BamB/D). In die zelluläre OM ist allerdings eine Faltung und Insertion ohne den BAM-Komplex nicht möglich - auch weil Energieträger wie ATP im Periplasma nicht vorhanden sind (Wülfing und Plückthun 1994) oder die Faltung, um biologisch relevant zu sein, zu langsam wäre. Eine weitere Ursache sind native Lipidkopfgruppen wie PE oder PG, die nachweislich allein und in Kombination einen additiven inhibitorischen Effekt aufzeigen und auf diese Weise eine kinetische Barriere aufbauen (Patel et al. 2009, Patel und Kleinschmidt, 2013, Gessmann et al. 2014). Dadurch wird eine unkontrollierte Insertion von OMPs in die

Membran verhindert. Die Anwesenheit der BAM-Komponenten beschleunigt die Faltung der OMPs, indem sie die für die Reaktion benötigte Aktivierungsenergie sehr wahrscheinlich herabsetzen (Kleinschmidt *et al.* 2011, Patel *et al.* 2009, Patel und Kleinschmidt, 2013). Sowohl mit als auch ohne BamB war eine verlangsamte Faltung von OmpA (vor allem in DLPC:DLPE:DLPG) zu Beginn der Kinetik, innerhalb der ersten Minuten, erkennbar. Offensichtlich kann BamB diesen Effekt alleine nicht komplett neutralisieren, sondern benötigt weitere Faltungsassistenten.

DLPC unterstützte als zwitterionisches Lipid die schnelle und effiziente Faltung von OMPs in An- und Abwesenheit von jeglichen Komponenten, kommt allerdings in der natürlichen OM von *E. coli* nicht vor. Die erleichterte Faltung ist mutmaßlich neben der neutralen Ladung auf die geringere Kompaktheit der Membran im Vergleich zu PE und/oder PG Lipiden zurückführen (Gessmann *et al.* 2014).

Vorige Studien zeigten, dass negativ geladene Membranen die Faltung und Insertion von OmpA verzögern (Patel *et al.* 2009). Das negative Oberflächenpotential des Proteins bei basischen pH-Werten führt zur elektrostatischen Abstoßung beider Partner. Um sicherzustellen, dass es sich um kein Artefakt handelt, sollten die Kinetiken mit DLPC:DLPG wiederholt werden. Zusätzlich sollten Studien mit DLPG allein durchgeführt werden. Bezüglich vorheriger Experimente in dieser Arbeit, führte die Anwesenheit von BamB immer zu deutlichen Unterschieden im Vergleich zu Faltungskinetiken von OmpA ohne das Lipoprotein. Es ist zu vermuten, dass BamB in Gegenwart von negativ geladenen Lipiden, die einen Anteil von 50 % oder mehr der Membran ausmachen, die Faltung von OMPs nicht unterstützen kann. Die Fluoreszenzspektren (Abschnitt 3.5) demonstrierten die Interaktion von BamB mit der Lipidmembran. Eine höhere Affinität von BamB dem negativ geladenen DLPG gegenüber, legt eine Sättigung der Membran mit BamB nahe, die es verhindert OmpA zu inserieren. Die natürlichen Gegebenheiten in der *E. coli*-Membran bestehen aus einem 4:1 Verhältnis zwischen DLPE und DLPG (siehe Abschnitt 1.2), so dass das Verhältnis zwischen zwitterionischen und negativ geladenem Lipid der synthetischen Membran aus DLPC:DLPE:DLPG (5:3:2) entspricht. Folglich ist das 1:1-Verhältnis und der hohe Anteil an DLPG *in vivo* nicht relevant, so dass eine annähernde Sättigung der Membran durch BamB nicht stattfinden kann.

4.7 BamB interagiert primär mit negativ geladenen Lipiden

Fluoreszenzexperimente sollten Aufschluss über die Lipid/Protein-Stöchiometrie geben und den Punkt ermitteln bei dem jegliches BamB an die Membran gebunden wurde. Die Messungen verdeutlichten die Interaktion von BamB mit den Lipidmembranen der Zusammensetzungen DLPC:DLPG (1:1), DLPC und DLPG und dessen Unterschiede.

Die Oberfläche von BamB, die mit Hilfe der Grafiksoftware PyMol nach der PDB-Struktur 2YH3 (Albrecht und Zeth 2011) ermittelt wurde, besitzt in etwa eine Größe von ca. 1847 Å². Eine Kopfgruppe von PC weist eine Oberfläche von ca. 65 Å² auf

(Marsh 2013). Dies ergibt rechnerisch eine Stöchiometrie von ca. 28. Folglich werden 28 Lipide benötigt, um ein BamB-Molekül zu binden. Bei einem molaren Verhältnis von n = 42 ± 9 Lipiden/BamB lag die DLPG-Membran mit BamB gesättigt vor. Mit Einbeziehung der Standardabweichungen benötigt ein BamB-Molekül minimal 33 Lipide für eine Wechselwirkung mit der negativ geladenen Membran. Folglich stimmen Theorie und Praxis fast exakt überein. Für das rein zwitterionische Lipid DLPC wurde eine Affinität von n = 577 ± 125 ermittelt d.h ein BamB-Molekül benötigt in Gegenwart von DLPC minimal 452 Lipide, um mit dieser Membran zu interagieren. Dies sind 16 Mal mehr Lipide als rechnerisch notwendig. Dies verdeutlicht die Wichtigkeit negativer Ladungen, die BamB für eine effektive Interaktion mit der Membran benötigt. BamB besitzt einen pI von ca. 5,7, was dem Protein bei den durchgeführten Experimenten bei pH 8 ein negatives Oberflächenpotential verleiht. Analog zu BamD wird dennoch die Assoziation mit der negativ geladenen Membran bevorzugt (Sharma 2014).

Das zweiphasige Bindungsverhalten veranschaulicht den Übergang von DLPG auf DLPC. Vergleichend mit der DLPG-Membran erfolgte die erste annähernde Sättigung im gemischten Verhältnis von 1:1 bei einem molaren Verhältnis von ca. 200 Lipiden/BamB. Demnach wurde ungefähr dreimal so viel Lipid benötigt, um die Membran zu sättigen. Vermutlich bindet BamB nicht ausschließlich, wenn auch bevorzugt, an DLPG, sondern zusätzlich an geringe Mengen DLPC. Folglich stellte sich keine gänzliche Sättigung ein, wenn das Protein alle freien Bindungsstellen von DLPG belegt. Ab einem molaren Verhältnis von ca. 900 Lipiden/BamB band das Protein bis zu einer vollständigen Membransättigung bei ca. 1100 Lipiden/BamB an DLPC. Im Kontrast zu den Messungen von DLPC allein stellte sich die Sättigung bereits bei einem Verhältnis von ca. 200 ein. Dies entspricht exakt 400 Lipiden, die bereits vor der ersten Sättigung gebunden haben müssen. Dies überlappt sich mit der späteren DLPG-Sättigung. Die finale Sättigung bei einem molaren Verhältnis von ca. 1100 Lipiden/BamB in DLPC:DLPG (1:1) korrespondiert mit der Sättigung von DLPC bei ca. 580. Aufgrund der gleichmäßigen Verteilung und hohen Anzahl der Trp-Reste im Protein kann keine Aussage über die exakte Position der Interaktion getroffen werden (Abb. 3.16). Für die Analyse der Membraninteraktion können die konstruierten Mutanten herangezogen werden (siehe Abschnitt 3.1). Bei negativen Ergebnissen müssen zusätzliche Mutationen an weiteren Positionen im Protein hergestellt werden. Anfänglich bieten sich diese zur Identifizierung von Proteininteraktionen an. Nachweislich interagiert BamB mit der POTRA-Domäne von BamA (Noinaj et al. 2011, Kim et al. 2011). Zudem ist eine Interaktionen mit OmpA wahrscheinlich.

5. Referenzen

1. **Alberts B, Johnson A, Lewis J, et al.** (2002) Molecular Biology of the Cell. 4th edition. New York: *Garland Science*.

2. **Albrecht R, Zeth K** (2011) Structural Basis of Outer Membrane Protein Biogenesis in Bacteria. *J Biol Chem*.;286(31):27792-803

3. **Albrecht R, Zeth K** (Journal: To be Published) Structure and Assembly of a B-Propeller with Nine Blades and a New Conserved Repetitive Sequence Motif (PDB-Struktur: 2YMS).

4. **Arora, A., Rinehart, D., Szabo, G., Tamm, L. K.** (2000) Refolded outer membrane protein A of Escherichia coli forms ion channels with two conductance states in planar lipid bilayers, *J. Biol. Chem. 275*, 1594-1600.

5. **Birner, R, Bürgermeister, M, Schneiter, R, Daum, G.** (2001) Roles of phosphatidylethanolamine and of its several biosynthetic pathways in Saccharomyces cerevisiae. *Mol. Biol. Cell* 12, 997-1007.

6. **Blatch GL, Lässle M** (1999). The tetratricopeptide repeat: a structural motif mediating protein-protein interactions. *Bioessays*. 21(11):932-9.

7. **Charlson ES, Werner JN and Misra R** (2006) Differential Effects of yfgL Mutation on Escherichia coli Outer Membrane Proteins and Lipopolysaccharide. *Journal of Bacteriology*, p. 7186-7194.

8. **Compton LA and Johnson WC, Jr.** (1986) Analysis of protein circular dichroism spectra for secondary structure using a simple matrix multiplication. *Anal. Biochem.* 155, 155-167.

9. **Cooper Geoffrey M** (2000) The Cell: A Molecular Approach. Sinauer Associates, 2nd edition.

10. **Pocanschi CL, Patel GJ, Marsh D, Kleinschmidt JH** (2006) Curvature Elasticity and Refolding of OmpA in Large Unilamellar Vesicles. Biophysical Journal:91(8): L75-L77.

11. **Dong C, Hou HF, Yang X, Shen YQ, Dong YH** (2012) Structure of Escherichia coli BamD and its functional implications in outer membrane protein assembly. *Acta Crystallogr D Biol Crystallogr*. 68(Pt 2):95-101.

12. **Gessmann D, Chung YH, Danoff EJ, Plummer AM, Sandlin CW, Zaccai NR, Fleming KG** (2014) Outer membrane β-barrel protein folding is physically controlled by periplasmic lipid head groups and BamA. *Proc Natl Acad Sci U S A*. 111(16):5878-83.

13. **Gorman JJ** (1987) Fluorescent labeling of cysteinyl residues to facilitate electrophoretic isolation of proteins suitable for amino-terminal sequence analysis. *Anal Biochem.* 160(2):376-87.

14. **Hagan CL, Kim S, Kahne D** (2010) Reconstitution of Outer Membrane Protein Assembly from Purified Components. *Science.* 328(5980):890-2.

15. **Hagan CL, Westwood DB, Kahne D** (2013) Bam lipoproteins assemble BamA in vitro. *Biochemistry.* 52 (35), 6108-6113.

16. **Hartinger S.** (2014) Expression and Purification of BamB, Folding kinetics of OmpA in presence of BamB. Bachelor Thesis, Universität Kassel.

17. **Hayashi Shigeru, Wu Henry C.** (1990) Lipoproteins in bacteria. *Journal of Bioenergetics and Biomembranes.* 22(3):451-471.

18. **Heuck A, Schleiffer A, Clausen T.** (2011) Augmenting β-augmentation: structural basis of how BamB binds BamA and may support folding of outer membrane proteins. *J Mol Biol.* 11; 406(5):659-66.

19. **Homan R and Pownall HJ** (1988) Transbilayer diffusion of phospholipids: dependence on headgroup structure and acyl chain length. *Biochimica et Biophysica Acta.* 938:155-166.

20. **Jansen KB, Baker SL, Sousa MC** (2012) Crystal structure of BamB from Pseudomonas aeruginosa and functional evaluation of its conserved structural features. *PLoS One.* 7(11):e49749.

21. **Kim KH, Kang HS, Okon M, Escobar-Cabrera E, McIntosh LP, Paetzel M** (2011) Structural characterization of *Escherichia coli* BamE, a lipoprotein component of the β-barrel assembly machinery complex. *Biochemistry* ; 50(6):1081-90.

22. **Kim S, Malinverni JC, Sliz P, Silhavy TJ, Harrison SC, Kahne D** (2007) Structure and function of an essential component of the outer membrane protein assembly machine. *Science.* 317(5840):961-4.

23. **Kim KH, Paetzel M** (2011) Crystal structure of *Escherichia coli* BamB, a lipoprotein component of the β-barrel assembly machinery complex. *J Mol Biol.*;406(5):667-78.

24. **Kleinschmidt JH** (2003); Membrane protein folding on the example of outer membrane protein A of Escherichia coli; *Cell. Mol. Life Sci.* 60, 1547-1558.

25. **Kleinschmidt JH** (2006) Folding kinetics of the outer membrane proteins OmpA and FomA into phospholipid bilayers. *Chem Phys Lipids.* 141(1-2):30-47.

26. **Kleinschmidt JH, Tamm LK.** (1996) Folding intermediates of a β-barrel membrane protein. Kinetic evidence for a multi-step membrane insertion mechanism. *Biochem.* 35:12993-13000.

27. **Kleinschmidt, J. H. and L. K. Tamm** (2002) Secondary and tertiary structure formation of the *β*-barrel membrane protein OmpA is synchronized and depends on membrane thickness. *J. Mol. Biol.* 324: 319-330.

28. **Kleinschmidt JH, Wiener MC, and Tamm LK** (1999) Outer membrane protein A of *E. coli* folds into detergent micelles, but not in the presence of monomeric detergent. *Protein Sci.*; 8(10): 2065-2071.

29. **Knowles TJ, Scott-Tucker A, Overduin M, Henderson IR** (2009) Membrane protein architects: the role of the BAM complex in outer membrane protein assembly. *Nat Rev Microbiol.*;7(3):206-14.

30. **Koebnik R** (1999) Membrane assembly of the *Escherichia coli* outer membrane protein OmpA: exploring sequence constraints on transmembrane β-strands, *J. Mol. Biol.* 28, 1801-1810.

31. **Koebnik R, Locher KP, Van Gelder P** (2000) Structure and function of bacterial outer membrane proteins: barrels in a nutshell. *Mol Microbiol.*;37(2):239-53.

32. **Kutik S, Stojanovski D, Becker L, Becker T, Meinecke M, Krüger V, Prinz C, Meisinger C, Guiard B, Wagner R, Pfanner N, Wiedemann N** (2008). Dissecting membrane insertion of mitochondrial beta-barrel proteins. 132:1011-1024.

33. **Lee HC, Bernstein HD** (2001) The targeting pathway of Escherichia coli presecretory and integral membrane proteins is specified by the hydrophobicity of the targeting signal. *Proc Natl Acad Sci U S A.*;98(6):3471-6.

34. **Lobley, A., Whitmore, L., and Wallace, B. A**. (2002) DICHROWEB: an interactive website for the analysis of protein secondary structure from circular dichroism spectra, *Bioinformatics 18*, 211-212.

35. **Lodish H, Berk A, Matsudaira P** (1999) Molecular Cell Biology. 4th edition. New York: W. H. Freeman.

36. **Lowry, OH., Rosebrough, NJ., Farr, AL, and Randall, RJ,**(1951) Protein measurement with the Folin phenol reagent. *J. Biol. Chem.* 193, 265-275.

37. **Malinverni JC, Werner J, Kim S, Sklar JG, Kahne D, Misra R, Silhavy TJ** (2006) YfiO stabilizes the YaeT complex and is essential for outer membrane protein assembly in *Escherichia coli*. *Mol Microbiol.*;61(1):151-64.

38. **Marsh D** (2013) Handbook of Lipid Bilayers. Second Edition, CRC Press.

39. **McMorran LM, Bartlett AI, Huysmans GHM, Radford SE and Brockwell DJ** (2013). Dissecting the Effects of Periplasmic Chaperones on the *In Vitro* Folding of the Outer Membrane Protein PagP. *Mol Biol.* 425(17): 3178-3191.

40. **Mittal R, Krishnan S, Gonzalez-Gomez I, Prasadarao NV** (2011). Deciphering the roles of outer membrane protein A extracellular loops in the pathogenesis of Escherichia coli K1 meningitis. *J Biol Chem.* 286:2183-2193.

41. **Morein, S., Andersson, A., Rilfors, L., and Lindblom, G.** (1996) Wild-type Escherichia coli cells regulate the membrane lipid composition in a "window" between gel and non-lamellar structures, *J Biol Chem 271*, 6801-6809.

42. **Morona R, Klose M, Henning U** (1984). Escherichia coli K-12 outer membrane protein (OmpA) as a bacteriophage receptor: analysis of mutant genes expressing altered proteins. *J Bacteriol.* 159:570–578.

43. **Noinaj N, Fairman JW, Buchanan SK** (2011) The Crystal Structure of BamB Suggests Interactions with BamA and Its Role within the BAM Complex. *J Mol Biol.*;407(2):248-60.

44. **Onufryk C,1 Crouch ML, Fang FC and Gross CA** (2005) Characterization of Six Lipoproteins in the σE Regulon. *J Bacteriol.* 187(13): 4552-4561.

45. **Pace CN** (1986). Determination and analysis of urea and guanidine hydrochloride denaturation curves. *Enzyme Structure* Part L. Volume 131: 266-280.

46. **Park Jeong Soon, Lee Woo Cheol, Yeo Kwon Joo, Ryu Kyoung-Seok, Kumarasiri Malika, Hesek Dusan, Lee Mijoon, Mobashery Shahriar, Song Jung Hyun, Kim Seung Il, Lee Je Chul, Cheong Chaejoon,lJeon Young Ho, Kim Hye-Yeon** (2012) Mechanism of anchoring of OmpA protein to the cell wall peptidoglycan of the gramnegative bacterial outer membrane. *FASEB J.* 26(1): 219-228.

47. **Patel GJ. Behrens-Kneip S., Holst O., Kleinschmidt JH** (2009) The Periplasmic Chaperone Skp Facilitates Targeting, Insertion, and Folding of OmpA into Lipid Membranes with a Negative Membrane Surface Potential; *Biochemistry.* 48;10235-10245.

48. **Patel GJ, Kleinschmidt JH** (2013) The lipid bilayer-inserted membrane protein BamA of Escherichia coli facilitates insertion and folding of outer membrane protein A from its complex with Skp. *Biochemistry* 11;52(23):3974-86.

49. **Provencher SW and Glockner J** (1981) Estimation of globular protein secondary structure from circular dichroism. *Biochemistry* 20, 33-37.

50. **Pugsley AP** (1993) The Complete General Secretory Pathway in Gram-Negative Bacteria. *Microbiol Rev.*;57(1):50-108.

51. Qu, J, Mayer, C, Behrens, S, Holst, O and Kleinschmidt JH (2007) The trimeric periplasmic,chaperone Skp of Escherichia coli forms 1:1 complexes with outer membrane proteins via hydrophobic and electrostatic interactions. *J. Mol. Biol.* 374, 91-105.

52. Rawicz W, Olbrich KC, McIntosh T, Needham D and Evans. E (2000) Effect of chain length and unsaturation on elasticity of lipid bilayers. *Biophysical Journal.* 79:328-39.

53. Remaut H, Fronzes R (2013) Bacterial Membranes: Structural and Molecular Biology, *Caister Academic Press.*

54. Reusch RN (2012) Insights into the Structure and Assembly of Escherichia coli Outer Membrane Protein A. *FEBS J.*;279(6):894-909.

55. Ricci DP, Silhavy TJ (2012) The Bam machine: A molecular cooper. *Biochim Biophys Acta.*;1818(4):1067-84.

56. Rigel NW, Schwalm J, Ricci DP, Silhavy TJ (2012) BamE Modulates the *Escherichia coli* Beta-Barrel Assembly Machine Component BamA. *J Bacteriol.*;194(5):1002-8.

57. Sanders CR, Nagy JK (2000) Misfolding of membrane proteins in health and disease: the lady or the tiger? *Curr Opin Struct Biol.* ;10(4):438-42.

58. Sandoval CM, Baker SL, Jansen K, Metzner SI, Sousa MC (2011) Crystal Structure of BamD. An Essential Component of the β-Barrel Assembly Machinery of Gram Negative Bacteria. *J Mol Biol.* 409(3): 348-357.

59. Schneider A. (2013). Effect of membrane associated BamD on the insertion and folding of an integral β-barrel membrane protein. Diplomarbeit, Universität Kassel.

60. Schweizer M, Hindennach M, Garten W, Henning U. (1978). Major proteins of the *Escherichia coli* outer cell envelope membrane. Interaction of protein II with lipopolysaccharide. *Eur J Biochem* 82:211-217.

61. Sharma M. (2014). Facilitating folding of outer membrane proteins, roles of periplasmic chaperone Skp and the outer membrane lipoprotein BamD. Dissertation, Universität Kassel.

62. Sreerema N and Woody RW (1993) A self-consistent method for the analysis of protein secondary structure from circular dichroism. *Anal. Biochem.* 209, 32-44.

63. Surrey T, Jähnig F (1992) Refolding and oriented insertion of a membrane protein into a lipid bilayer, *Proc. Natl. Acad. Sci. U. S. A.* 89, 7457-7461.

64. Tamm LK, Arora A, Kleinschmidt J (2001) Structure and Assembly of β-Barrel Membrane Proteins. *J. Biol. Chem.*, 276:32399-32402.

65. Tamm LK, Hong H, Liang B (2004) Folding and assembly of β-barrel membrane proteins. *Biochim Biophys Acta.*;1666(1-2):250-63.

66.   **Tommassen J** (2010) Assembly of outer-membrane proteins in bacteria and mitochon-dria. *Microbiology*, 156, 2587-2596.

67.   **Ureta AR, Endres RG, Wingreen NS, Silhavy TJ** (2007) Kinetic Analysis of the As-sembly of the Outer Membrane Protein LamB in Escherichia coli Mutants Each Lack-ing a Secretion or Targeting Factor in a Different Cellular Compartment. *J Bacteri-ol.;*189(2):446-54.

68.   **van Meer, G., Voelker, D. R., Feigenson, G. W.** (2008) Membrane lipids: where they are and how they behave. *Nature Rev.* 9, 112-124.

69.   **Vogel H, Jähnig F.** (1986) Models for the structure of outer-membrane proteins of *Escherichia coli* derived from raman spectroscopy and prediction methods. *J Mol Biol.* ;190(2):191-9.

70.   **Walther D.M, Rapaport D, Tommassen J.** (2009) Biogenesis of β-barrel membrane proteins in bacteria and eukaryotes: evolutionary conservation and divergence. Cell Mol Life Sci. 66(17): 2789-2804.

71.   **Whitmore, L., and Wallace, B. A.** (2004) DICHROWEB, an online server for protein secondary structure analyses from circular dichroism spectroscopic data, *Nucleic Acids Res. 32*, W668-673.

72.   **Wu T, Malinverni J, Ruiz N, Kim S, Silhavy TJ, Kahne D.** (2005) Identification of a multicomponent complex required for outer membrane biogenesis in Escherichia coli. *Cell.;*121(2):235-45.

73.   **Wülfing C und Plückthun A** (1994) Protein folding in the periplasm of Escherichia Coli. *Moiecuiar Microbioiogy* 12(5), 685-692.

74.   **Zhao H and Lappalainen P** (2012) A simple guide to biochemical approaches for ana-lyzing protein–lipid interactions. *Mol Biol Cell.* 23(15): 2823-2830.

Danksagung

An erster Stelle danke ich Prof. Dr. Kleinschmidt für die Möglichkeit meine Masterarbeit in der Abteilung Biophysik anfertigen zu dürfen und für die stets hilfreiche Betreuung.
Des Weiteren möchte ich mich bei Prof. Dr. Herberg für die Übernahme des Zweitgutachtens bedanken.

Vielen lieben Dank an meine Kollegen Mike, Arne, Sonja B, Meenakshi, Esther und Sonja H. für die stets interessanten und hilfreichen Diskussionen jeglicher Art, das sehr gute Arbeitsklima im Labor und die gelegentlichen, sehr spaßigen Ausflüge und Restaurant-Besuche. Ihr habt mir geholfen auch nach über 270 SDS-Gelen nicht die Motivation zu verlieren.

Zuletzt möchte ich mich an dieser Stelle bei meiner Familie bedanken, die mir das Studium ermöglicht und mich während der Anfertigung dieser Masterarbeit tatkräftig motiviert und unterstützt hat.

Printed in the United States
By Bookmasters